城镇燃气职业教育系列教材
中国城市燃气协会指定培训教材

城镇燃气设施运行维护抢险技术与管理

Chengzhen Ranqi Sheshi Yunxing Weihu Qiangxian Jishu Yu Guanli

主 编 许 彤 高顺利

副主编 杜学平

参 编 吴 波 王 勇 贾竞彤 鲍 青
　　　 梁 杰 李卫宜 段 蔚 于燕平
　　　 韩永新 柴玉山 沈 骏 许东霞
　　　 刘 青 张福军 赵 凯

U0379477

重庆大学出版社

内容提要

本书是城镇燃气职业教育系列教材之一,结合我国目前燃气事业的发展和设施、设备应用情况,系统介绍了国内关于城镇燃气设施运行维护、抢险领域较成熟、先进的具体技术措施和管理措施。本书总体结构合理,内容注重实际,可作为高等职业教育燃气工程技术专业教材,也可作为企业对员工进行运行、维护和抢修培训的参考教材。

图书在版编目(CIP)数据

城镇燃气设施运行维护抢险技术与管理/许彤,高顺利主编 . 一重庆:重庆大学出版社,2013.9
城镇燃气职业教育系列教材
ISBN 978-7-5624-7169-1

Ⅰ.①城… Ⅱ.①高… Ⅲ.①城市燃气—燃气设备—设备检修—职业教育—教材②城市燃气—燃气设备—设备管理—职业教育—教材 Ⅳ.①TU996.8

中国版本图书馆 CIP 数据核字(2013)第 000352 号

城镇燃气职业教育系列教材
中国城市燃气协会指定培训教材
城镇燃气设施运行维护抢险技术与管理
主 编 许 彤 高顺利
副主编 杜学平
策划编辑:张 婷

责任编辑:张 婷 版式设计:张 婷
责任校对:刘雯娜 责任印制:赵 晟
*
重庆大学出版社出版发行
出版人:邓晓益
社址:重庆市沙坪坝区大学城西路 21 号
邮编:401331
电话:(023) 88617190 88617185(中小学)
传真:(023) 88617186 88617166
网址:http://www.cqup.com.cn
邮箱:fxk@ cqup.com.cn(营销中心)
全国新华书店经销
重庆升光电力印务有限公司印刷
*
开本:787×1092 1/16 印张:12.5 字数:312千
2013 年 9 月第 1 版 2013 年 9 月第 1 次印刷
印数:1—2 000
ISBN 978-7-5624-7169-1 定价:28.00 元

城镇燃气职业教育系列教材编审委员会

序 言

随着我国城镇燃气行业的蓬勃发展,现代企业的经营组织形式、生产方式和职工的技能水平都面临着新的挑战。

目前我国的燃气工程相关专业高等教育、职业教育招生规模较小;在燃气行业从业人员(包括管理人员、技术人员及技术工人等)中,很多人都没有系统学习过燃气专业知识。燃气企业对在职人员的专业知识和岗位技能培训成为提高职工素质和能力、提升企业竞争能力的一种有效途径,全国许多省市行业协会及燃气企业的技术培训机构都在积极开展这项工作。

在目前情况下,组织编写一套具有权威性、实用性和开放性的燃气专业技术及岗位技能培训系列教材,具有十分重要的现实意义。立足于社会发展对职工技能的需求,定位于培养城镇燃气职业技术型人才,贯彻校企结合的理念,我们组建了由中国城市燃气协会、北京燃气集团、重庆大学、哈尔滨工业大学、北京建筑工程学院、天津城市建设学院、郑州燃气股份有限公司、港华集团等单位共同参与的编写队伍。编委会邀请到哈尔滨工业大学的段常贵教授、中国城市燃气协会迟国敬副秘书长担任顾问,北京建筑工程学院詹淑慧教授担任执行总主编,重庆大学彭世尼教授担任总主编。

本套培训教材以提高燃气行业员工技能和素养为目标,突出技能培训和安全教育,本着"理论够用、技术实用"的原则,在内容上体现了燃气行业的法规、标准及规范的要求;既包含基本理论知识,更注重实用技术的讲解,以及燃气施工与运用中新技术、新工艺、新材料、新设备的介绍；同时以丰富的案例为支持。

本套教材分为专业基础课、岗位能力课两大模块。每个模块都是开放的，内容不断补充、更新，力求在实践与发展中循序渐进、不断提高。在教材编写工作中，北京燃气集团提出了构建体系、搭建平台的指导思想，作为北京市总工会职工大学"学分银行"计划试点企业，将本套培训教材的开发与"学分银行"计划相结合，为该职业培训教材提供了更高的实践平台。

教材编写得到了中国城市燃气协会、北京燃气集团的全力支持，使一些成熟的讲义得到进一步的完善和推广。本套培训教材可作为我国燃气集团、燃气公司及相关企业的职工技能培训教材，可作为"学分银行"等学历教育中燃气企业管理专业、燃气工程专业的教学用书。通过本套教材的讲授、学习，可以了解城市燃气企业的生产运营与服务，明确城镇燃气行业不同岗位的技术要求，熟悉燃气行业现行法规、标准及规范，培养实践能力和技术应用能力。

编委会衷心希望这套教材的出版能够为我国燃气行业的企业发展及员工职业素质提高作出贡献。教材中不妥及错误之处敬请同行批评指正！

编委会

2011 年 3 月

前　言

因燃气设施发生泄漏引起的火灾、爆炸及中毒事件时有发生,造成国家和人民生命财产的重大损失。因此,确保燃气安全供应是城镇燃气供应单位的重要职责。同时,随着城镇燃气事业的发展,对燃气设施运行维护、抢修方面的岗位人员需求与日俱增,但相关内容的系统性教材欠缺,直接影响着岗位人员的理论知识水平和技能水平。

《城镇燃气设施运行维护抢险技术与管理》是城镇燃气职业教育系列教材之一,教材结合我国目前燃气事业的发展和应用情况,系统介绍了国内关于城镇燃气设施运行维护、抢险领域较成熟、先进的具体技术措施和管理措施。

本书总体结构合理,内容注重实际,可作为高等职业教育燃气工程技术专业教材,也可作为企业对员工进行运行、维护和抢修培训的参考教材。

全书共分为9章,主要内容介绍如下:

第1章是概述,主要介绍城镇燃气基本常识。

第2章是城市燃气图档管理,主要介绍管道图识读、燃气管线探测与定位。

第3章是管道的运行与维护,主要介绍燃气工程质量控制、管道投产置换、管网运行与维护、防腐层检测。

第4章是泄漏检测和带压堵漏,主要介绍燃气泄漏检测、燃气堵漏抢修。

第5章是管道附属设施的运行与维护,主要介绍门站、储配站、调压站/箱的工艺流程,管道附属设备的检修及维护。

第6章是阴极保护系统的运行与维护,主要介绍阴极保护系统概况及运行。

第7章是生产调度,主要介绍 SCADA 系统、调度管理、计量管理及生产调度指令。

第8章是生产作业,主要介绍手工降压接线和切线、不停输接线和切线的工艺流程及技术要点。

第9章是应急抢险与管理,主要介绍燃气突发事件分类、应急响应流程、应急预案编制。

本书可作为高等职业教育城镇燃气工程技术专业教材、城镇燃气职业培训人员和受训人员的使用教材,也可供燃气工程设计、施工、运行管理的技术人员参考。由于编者水平有限,书中错误和不妥之处,敬请读者批评指正。

编 者

2013 年 6 月

目　录

第9章 应急抢险与管理

参考文献

1 概　述

■ 核心知识

- ■ 燃气热值
- ■ 着火温度
- ■ 爆炸极限
- ■ 燃气管道的分类

■ 学习目标

- ■ 了解城镇燃气的发展历程
- ■ 掌握城镇燃气的常见分类
- ■ 熟悉天然气的分类及其成藏机理
- ■ 掌握燃气热值、爆炸极限的概念和计算方法
- ■ 掌握燃气管道不同设计压力等级
- ■ 掌握燃气管网系统的分类

1.1

城市燃气的发展

　　人类发现和利用气体燃料已有很长的历史,早在我国东汉时期《蜀国志》中记载:"临邛有火井,深二三丈,在县南百里,以竹木取火。"中国最早的古典工程书籍《天工开物》中也详细记载我国四川地区利用天然气煮盐的情景:"西川有火井,事甚奇,其中居然冷说,绝无火气,但以长竹剖开,去节合缝,漆布,一头插入井底,其上曲接,以口紧对釜脐,注卤水釜中,只见火意烘烘,水即滚沸,启竹而视之,绝无半点焦炎意,未见其形,而用火神,此世间大奇事也。"另据《川盐纪要》记载,明代时,在四川的天然气田已有竹制或木制的集输管道,总长度100多千米,专门从事管道建设的工人有一万多人。这些文献的记载证明,燃气早已应用在人类的生活中。

　　尽管公元前人类就已经发现了天然气,但是,气体燃料作为产业化生产和应用是从1812年英国伦敦建立第一个人工煤气公司开始,当时人工煤气主要用于重要地区的路灯照明。美国1816年,法国和俄国1819年,日本1872年相继开始用燃气照明。直到1910年以后,煤气灯被电灯所取代,人工煤气用途开始由照明转向热能利用。

　　世界城市燃气的发展大约分为三个阶段:第一阶段是20世纪50年代前,以煤制气为主的阶段;第二阶段是20世纪50—60年代末期,是以油制气为主或煤、油制气阶段,在这一阶段液化石油气开始得到利用;第三阶段是20世纪60年代之后至今,是以天然气为主的阶段。

　　我国城市燃气工业的发展应从1865年英国人在上海建成的人工煤气厂开始,至今已有145年历史,当时的煤气主要供上海的外国租界使用。1949年前,全国只有上海、大连、沈阳、长春、丹东、锦州、鞍山、抚顺、哈尔滨9个城市建有煤气设施,年供气量约3972万立方米,用气人口26.8万人。

　　新中国成立后,在国家钢铁工业大发展的带动下和国家节能资金的支持下,全国建成了一批利用焦炉余气以及各种煤制气的城市燃气利用工程,许多城市建设了管网等燃气设施。20世纪60年代中期,我国石油炼制工业得到很大发展,液化石油气开始作为城镇燃气率先供应北京,后来相继在天津、沈阳、哈尔滨、南京和上海等城市及一些石油炼油厂所在地区建立了液化石油气的供应系统,并出现了液化石油气、空气混合系统。20世纪90年代后期,随着天然气的勘探、开发,以陕甘宁天然气进京为代表的天然气供应拉开了序幕,部分城市开始以天然气取代人工煤气,人工煤气的使用呈下降趋势。近年来,随着天然气的开采量增加,西气东输、中亚天然气管道工程、引进国外液化天然气等措施,加快了我国城镇天然气的发展速度,我国城镇燃气已经进入天然气时代。

据国家统计局统计,到2009年年底,我国人工煤气供应总量达382.4亿立方米,天然气供应总量达405.9亿立方米,液化石油气供气总量达1208.7万吨。全国用气人口约5亿人;其中,城市用气人口约3.45亿人,用气普及率约91%;县镇乡用气人口约1.57亿人,用气普及率约49%。燃气的进一步普及应用对于能源结构优化、环境质量改善、人民生活水平提高将发挥极其重要的作用。

我国城市燃气事业在一定程度上落后于国外三四十年,处于燃气事故的多发期。伴随着我国社会经济的发展,燃气行业也面临一些亟待解决的问题。例如燃气发展统筹规划不够,重复建设燃气设施、不配套建设燃气设施等现象比较突出;城市燃气应急储备和应急调度制度不健全,燃气安全供应能力不足,应急保障能力不强;燃气经营管理制度不完善,存在燃气经营者违法经营、无序竞争而造成燃气经营市场秩序混乱的现象;燃气设施保护制度不完善、措施不到位而引发较多燃气安全事故,影响燃气正常供应,危及人民生命财产安全等。为此只有从规划、建设、管理、应用等方面加强燃气管理,才能有效防止和减少燃气安全事故,维护燃气经营者和燃气用户的合法权益,促进燃气事业健康发展。

1.2
城市燃气的分类和组成

城市燃气是由多种气体组成的混合气体,含有可燃气体和不可燃气体。其中可燃气体有碳氢化合物(如甲烷、己烷、乙烯、丙烷、丙烯丁烷、丁烯等烃类可燃气体)、氢气和一氧化碳等,不可燃成分有二氧化碳、氮气等惰性气体;部分燃气还含有氧气、水及少量杂质。

正确认识城市燃气的种类是进行城市燃气供应系统的规划设计、设备选取、维护管理措施以及燃气设备的设计和选用的基本前提。城市燃气根据燃气的来源或生产方式可以归纳为天然气、人工燃气、液化石油气三大类。其中天然气是自然生成的;人工燃气或是由其他能源转化而成,或是生产工艺的副产品;液化石油气主要来自石油加工过程中的副产气。

1.2.1　人工燃气

人工燃气主要是指通过能源转换技术,将煤炭或重油转换而成的煤制气或油制气。人工燃气通常可以分为干馏煤气、气化煤气、油制气及高炉煤气4种。

干馏煤气也叫焦炉煤气,是利用冶金焦炉、连续式直立炭化炉和立箱炉等将煤在隔绝空气的情况下进行干馏所获得的煤气,主要组分为甲烷和氢气,低热值16.7 MJ/m³。一直以来,焦炉煤气是我国城市燃气的重要气源之一。

气化煤气是指用煤或焦炭等固体燃气作为原料,利用空气、水蒸气或二者的混合物作气化剂,在煤气发生炉中相互作用制取的煤气,分为压力气化煤气、水煤气、发生炉煤气三种。压力气化煤气是采用纯氧和水蒸气为气化剂制取的煤气,主要组分为氢气和甲烷,低热值为15.4 MJ/m³;水煤气则是利用水蒸气作气化剂制取的煤气,主要组分为一氧化碳和氢气,低热值为10.5 MJ/m³;发生炉煤气主要组分为一氧化碳和氢气,低热值为5.4 MJ/m³。

油制气是以重油或轻油为原料制取的燃气,主要成分为烷烃、烯烃等碳氢化合物,低热值约为41.9 MJ/m³,一般作为辅助气源或化工原料。低热值为17.6 ~ 20.9 MJ/m³,一般可直接作为城市气源。

高炉煤气是高炉炼铁过程中产生的煤气,热值低,只供给热炉使用。

作为城市气源的人工燃气必须符合一定的质量标准,如表1.1所示。

表1.1　人工燃气的质量标准

项　目		杂质限量	试验方法
低热值(MJ/m³)	一类气	>14	GB/T 12206
	二类气	>10	
焦油和灰尘(mg/m³)		<10	GB/T 12208
硫化氢(mg/m³)		<20	GB/T 12211
氨(mg/m³)		<50	GB/T 12210
萘(mg/m³)		$<50 \times 10^2/P$(冬季) $<100 \times 10^2/P$(夏季)	GB/T 12209.1
含氧量(体积分数)	一类气	<2	GB/T 10410.1 或化学分析法
	二类气	<1	
一氧化碳(体积分数)		<10	GB/T 10410.1 或化学分析法

注:①表中气体体积(m³)的标准参比条件是101325 Pa,15 ℃;
②P为管网输气点绝对压力(Pa);
③一类气为煤干馏气;二类气为煤制气化气、油气化气(包括液化石油气和天然气改制);
④对二类气或掺有二类气的一类气,其一氧化碳含量应小于20%(体积分数)。

1.2.2　天然气

1)天然气的组成

天然气包括常规天然气和非常规天然气两类。其中常规天然气主要指气田气(或称纯天然气)、石油伴生气、凝析气田气。非常规天然气主要包括煤层气、页岩气、天然气水合物等。需要注意的是,常规天然气和非常规天然气资源的区分边界甚难界定,主要取决于地质条件的系列。

(1)常规天然气

①气田气:是指由气田开采出来的纯天然气,组分以甲烷为主,还含有少量的乙烷、丙烷等烃类及二氧化碳、硫化氢、氮和微量的氦、氖、氩等气体。我国四川天然气中甲烷含量一般不少于90%,低热值为 $34.75 \sim 36.00 \ MJ/m^3$ 。

②石油伴生气:是地层中溶解在石油或呈气态与原油共存,伴随着原油被同时开采的天然气。石油伴生气又分为气顶气和溶解气两类。气顶气是不溶于石油的气体,为保持石油开采过程中必要的井压,这种气体一般不随便采出。溶解气是指溶解于石油中,伴随着石油开采得到的气体。石油伴生气中甲烷含量一般占 $65\% \sim 80\%$,此外还有相当数量的乙烷、丙烷、丁烷、戊烷和重烷等,低热值一般为 $41.5 \sim 43.9 \ MJ/m^3$ 。我国大庆、胜利等油田产的天然气中大部分都是石油伴生气。

③凝析气田气:是指含有少量石油轻质馏分(如汽油、煤油成分)的天然气。当凝析气田气从气田采出来后,经减压降温,凝结出一些液体烃类。例如,我国新疆柯克亚的天然气就属于凝析气田气;华北油田供北京输送的天然气中,除前面提到的伴生气外,还有相当一部分是经过净化处理的凝析气田气。凝析气田气的组成大致和石油伴生气相似,但是它的戊烷、己烷等重烃含量比伴生气要多,一般经分离后可以得到天然汽油甚至轻柴油。凝析气田气甲烷的含量约为75%,低热值为 $46.1 \sim 48.5 \ MJ/m^3$ 。

(2)非常规天然气

①煤层气:是一种以吸附状态为主,生成并储存在煤系地层中的非常规天然气(随采煤过程产出的煤层气混有较多空气,俗称煤矿瓦斯)。煤层气的主要成分是甲烷,但相对于常规天然气含量较低,可用作燃料和化工产品的上等原料,具有很高的经济价值。资料显示,国际上74个国家煤层气资源量为268万亿 m^3 ,主要分布在俄、加、中、澳、美、德、波兰、英、乌克兰、哈萨克斯坦、印度、南非12个国家,其中美、加、澳、中已形成煤层气产业。煤层气资源位列前三位的国家分别为俄罗斯、加拿大、中国。我国煤层气资源丰富,据煤层气资源评价,我国埋深2000 m以内浅煤层气地质资源量约

36 万亿 m³,主要分布在华北和西北地区。

②页岩气:是指主体位于暗色泥页岩或高碳泥页岩中,以吸附或游离状态为主要存在方式的天然气聚集。在页岩气藏中,天然气也存在于夹层状的粉砂岩、粉砂质泥岩、高碳泥岩、泥质粉砂岩甚至砂岩地层中,因此,从某种意义来说,页岩气藏的形成是天然气在烃源岩中大规模滞留的结果,属于自生、自储、自封闭的成藏模式。其中页岩中的吸附气量和游离气量大约各占 50%。页岩气的主要成分和热值等气体性质与常规天然气相似,以甲烷为主,含有少量乙烷、丙烷。截至 2007 年底,全球页岩气资源量为 $456.24 \times 10^{12} m^3$,占全球非常规气资源量的近 50%,主要分布在北美(占 23.8%)、中亚和中国(占 21.9%)、拉美(占 13.1%)、中东和北非(占 15.8%)。

2)天然气作为城市气源的质量标准

作为城市气源的天然气必须符合一定的质量标准,如表 1.2 所示。

表 1.2　天然气的质量标准

项　目	一　类	二　类	三　类	试验方法
高热值(MJ/m³)		>31.4		GB/T 11062
总硫(mg/m³)	≤100	≤200	≤460	GB/T 11061
硫化氢(mg/m³)	≤6	≤20	≤460	GB/T 11060.1
二氧化碳(%)		≤3.0		GB/T 11060
水露点(℃)		在天然气交接点的压力和温度条件下,天然气的水露点应比环境温度低 5 ℃		GB/T 17283

注:气体体积是在标准状态 101325 Pa,20 ℃ 条件下测得;取样方法按 GB/T 1360。

1.2.3　液化石油气

1)液化石油气概述

液化石油气是一种烃类混合物,具有常温加压和常压降温即可变为液态以进行储存和运输,升温或减压即可气化使用的显著特性,是我国广泛使用的一种气源种类。

液化石油气作为工业和民用燃料可从石油伴生气和凝析气田气中提取,也可以是石油炼制和加工过程中作为副产品的一部分碳氢化合物。目前我国供给城市作为燃料用的液化石油气主要来源于石油炼厂催化裂解装置产出的石油气,其主要的组分为丙烷、丁烷、丙烯、丁烯,这部分产量通常占催化裂解装置处理量的 7% ~ 8%。由于各地液化石油气炼厂所用的原料油成分、性质、加工工艺和设备类型不同,各地液化石油气的组成及其热值也有差异。

液化石油气习惯上称为 C_3、C_4,即只用烃的碳原子(C)数表示。这类碳氢化物在常温、常压下呈气态,当压力升高或温度降低时很容易转变为液态;当液化石油气从气态转变为液态时,体积缩小 250 ~ 300 倍,因此从经济角度而言,液化石油气以液态方式储存和运送较以气态方式优越。

液化石油气的热值很高,液态时低热值为 45.22 ~ 46.06 MJ/kg,气态时热值为 92.11 ~ 121.42 MJ/m³。液化石油气在燃烧时,需要大量的空气与之混合。为了取得完全燃烧的效果,在使用时一般采用降压法,将液化石油气转为气态。工业生产中,直接使用液态燃烧时,应采用物化的方法使液化石油气与空气充分接触,以提高燃烧效率。

气态液化石油气比空气重,约为空气的 1.5 倍。液化的液化石油气一旦发生泄漏,就会迅速降压,由液态转变为气态,并极易在低洼、沟槽内积聚。因此,液化石油气必须采取有别于天然气的事故防范措施。

2) 液化石油气作为城市气源的质量标准

作为城市气源的液化石油气必须符合一定的质量标准,如表1.3所示。

表 1.3 液化石油气的质量标准

项　目	质量标准	试验方法
15 ℃时的密度(kg/m³)	报告	SH/T 0221
37.8 ℃时的蒸气压(kPa)	≤1380	GB/T 6602
C_5 及 C_5 以上组分含量(V/V%)	≤3.0	SH/T 0230
残留物 蒸发残留物(mL/100 mL) 油渍观察	≤0.05 通过	SY/T 7509
铜片腐蚀(级)	≤1	SH/T 0232
总硫含量(mg/m³)	≤343	SH/T 0222
游离水	无	目测

1.3

燃气的热力与燃烧特性

1.3.1 燃气的热值

1 m³ 燃气完全燃烧所放出的热量称为该燃气的热值,单位为 MJ/m³。对于液化石油气,热值单位也可采用 MJ/kg。

1) 高热值和低热值

燃气的热值分为高热值和低热值。

1 m³ 燃气完全燃烧后其温度冷却至原始温度时,燃气中的水分经燃烧生成的水蒸气也随之冷凝成水并放出汽化潜热,如将这部分汽化潜热计算在内求得的热值称为高热值;如不计算这部分汽化潜热,则为低热值。如果燃气中不含氢或氢的化合物,燃气燃烧时烟气中不含有水,就只有一个热值了。高、低热值数值之差即为水蒸气的汽化潜热。

在一般燃气应用设备中,由于燃气燃烧排放的烟气温度较高,烟气中的水蒸气是以气态排除的,仅仅利用燃气的低热值。因此,在工程实际中一般以燃气的低热值作为计算依据。

2) 热值的计算

单一燃气的热值是根据燃气燃烧反应的热效应算得。

燃气通常是含有多种组分的混合气体,其热值可按下式计算:

$$Q_h = \frac{1}{100} \sum Q_{hi} y_i \tag{1.1}$$

$$Q_l = \frac{1}{100} \sum Q_{li} y_i \tag{1.2}$$

式中　Q_h,Q_l——燃气的高热值、低热值,MJ/m³;

　　　Q_{hi},Q_{li}——燃气中各组分的高热值、低热值,MJ/m³;

　　　y_i——各单一气体的容积成分,%。

1.3.2 汽化潜热

汽化潜热是单位质量的液体变为与其处于平衡状态的蒸气所吸收的热值。

汽化潜热与压力和温度有关,其关系可用下式计算:

$$r_1 = r_2 \left(\frac{t_c - t_1}{t_c - t_2} \right)^{0.38} \tag{1.3}$$

式中 r_1——液体温度为 t_1 时的汽化潜热,kJ/kg;

  r_2——液体温度为 t_2 时的汽化潜热,kJ/kg;

  t_c——临界温度,℃。

温度升高,汽化潜热减少,到达临界温度时,汽化潜热等于零。部分碳氢化合物在 101325 Pa,沸点时的汽化潜热见表 1.4。

表 1.4 部分碳氢化合物的沸点及沸点时的汽化潜热

名称	甲烷	乙烷	丙烷	正丁烷	乙烯	丙烯	正戊烷
沸点(℃)	-161.49	-88	-42.05	-0.5	-103.68	-47.72	36.06
汽化潜热(kJ/kg)	510.8	485.7	422.9	383.5	481.5	439.6	355.9

混合液体的汽化潜热计算式如下:

$$r = \sum g_i r_i \tag{1.4}$$

式中 r——混合液体的汽化潜热,kJ/kg;

  g_i——混合液体中各组分的质量成分,%;

  r_i——相应各组分的汽化潜热,kJ/kg。

1.3.3 着火温度

燃气开始燃烧时的温度称为着火温度。不同可燃气体的着火温度不尽相同。一般可燃气体在空气中的着火温度比在纯氧中的着火温度高 50~100 ℃。对于某一可燃气体其着火温度不是一个固定值,而与可燃气体在空气中的溶度、与空气的混合程度、燃气压力、燃烧空间的形状及大小等因素有关。

工程中,燃气的着火温度应由实验确定,通常焦炉煤气的最低着火温度介于 300~500 ℃,液化石油气的最低着火温度为 450~550 ℃,天然气的着火温度为 650 ℃左右。

1.3.4 燃烧速度

燃气中含氢和其他燃烧速度快的成分越多,燃烧速度就越快;燃气—空气混合物初始温度增高,火焰传播速度增大。

燃烧速度一般采用实验方法或经验公式计算。经测算,以下几种燃气的最大燃烧速度分别为:氢气 2.8 m/s,甲烷 0.38 m/s,液化石油气 0.35~0.38 m/s。

1.3.5 爆炸极限

1)相关定义

城市燃气是一种易燃、易爆的混合气体,决定了在制备、运输、使用过程中必须注意其安全性。

燃烧是气体燃料中的可燃成分在一定条件下与氧气发生的激烈的氧化反应,反应的同时生成热并出现火焰。爆炸则是一种猛烈进行的物理、化学反应,其特点是爆炸过程中化学反应急剧,反应的一瞬间产生大量的热和气体产物。所有的可燃气体与空气混合达到一定比例关系时,都会形成有爆炸危险的混合气体。

大多数有爆炸危险的混合气体在露天中可以平静燃烧,燃烧速度也较慢;但若聚集在一个密闭的空间内,遇有明火即会瞬间爆炸,反应过程产生的高温使得被压缩的气体在爆炸的瞬间即释放极大的气体压力,对周围环境产生很大的破坏力。反应产生的温度越高,产生的气体压力和爆炸力也成正比增长。爆炸时除产生破坏之外,因爆炸过程中某些物质的分解物与空气接触,还会引起火灾。

可燃气体与空气混合,经点火能够发生爆炸所必需的最低可燃气体(体积)浓度,称为爆炸下限;可燃气体与空气混合,经点火能够发生爆炸所容许的最高可燃气体(体积)浓度,称为爆炸上限。可燃气体的爆炸上、下限统称为爆炸极限。

2)可燃气体的混合气体爆炸极限

在城市燃气运行过程中,如将不同类别燃气混合或燃气与空气配制成掺混空气作城市气源时,就必须考虑掺混气的爆炸极限问题。

可燃气体的混合气体爆炸极限与气体的组分有关,可分三种情况进行计算:

(1)只含可燃气体的混合气体爆炸极限计算公式

$$L = \frac{100}{\sum \frac{y_i}{L_i}}$$

式中　L——混合气体的爆炸下(上)限(体积分数);

　　　L_i——混合气体中各组分的爆炸下(上)限;

y_i——混合气体中各组分的容积成分。

（2）含惰性气体的混合气体爆炸极限计算公式

$$L = \frac{100}{\sum \dfrac{y'_i}{L'_i} + \sum \dfrac{y_i}{L_i}}$$

式中　L——混合气体的爆炸下（上）限（体积分数）；

　　　L'_i——由某一可燃气体成分与某一惰性气体成分组成的混合组分在该混合比时的爆炸下（上）限（"

　　　y'_i——由某一可燃气体成分　　　成分组成的混合组分在该混合气体中的体积分数；

　　　L_i——未与惰性气体组合的可　　　炸极限（体积分数）；

　　　y_i——未与惰性气体组合的可　　　在混合气体中的体积分数。

（3）含氧气的混合气体的爆炸极限计算公式

当混合气体中含有氧气时，则可认为是混入了空气。因此，应先扣除氧含量以及按空气的氮氧比例求得的氮含量，并重新调整混合气体中各组分的体积分数，再按含有惰性气体情况下混合气体的爆炸极限计算公式进行计算。

常见燃气的爆炸极限如下：天然气 5%～15%，液化石油气 2%～10%，焦炉煤气 5.6%～30.4%。爆炸下限越低的燃气，爆炸危险性越大。可见，液化石油气的爆炸危险最大。

根据燃烧、爆炸现象发生的原理，可以认定，燃气管道漏气是引起爆炸、火灾和中毒的主要根源。杜绝燃气管道漏气是一项细致的系统工程，涉及设计、制造、安装、检验、运行维护和检修等各个环节，各环节都必须严格遵循国家有关规定进行标准化处理。要特别重视压力管道的安全问题。

1.4

城市燃气输配系统

城市燃气输配系统是一个综合系统，主要由燃气输配管网、储配站、计量调压站、运行操作和控制设施等组成。

1.4.1　燃气管道的分类

燃气管道是城市燃气输配系统的主要组成部分,燃气管道主要根据燃气输送压力、用途和敷设方式进行分类。

1)按输气设计(输送)压力分类

高压燃气管道	A	$2.5\ MPa < P \leqslant 4.0\ MPa$
次高压燃气管道	B	$1.6\ MPa < P \leqslant 2.5\ MPa$
次高压燃气管道	A	$0.8\ MPa < P \leqslant 1.6\ MPa$
	B	$0.4\ MPa < P \leqslant 0.8\ MPa$
中压燃气管道	A	$0.2\ MPa < P \leqslant 0.4\ MPa$
	B	$0.01\ MPa \leqslant P \leqslant 0.2\ MPa$
低压燃气管道		$P < 0.01\ MPa$

2)按用途分类

①长距离输气管道。一般用于天然气长距离输送。

②城镇燃气管道。按不同用途分为三类:城镇输气干管;配气管,与输气干管连接,将燃气送给用户的管道,如街区配气管与住宅庭院内的管道;室内燃气管道,将燃气引入室内分配给各燃具。

3)按敷设方式分类

燃气管道按敷设方式可分为地下燃气管道和架空燃气管道。

城镇燃气管道为了安全运行,一般情况下均为埋地敷设,不允许架空敷设;当建筑物间距过小或地下管线和构筑物密集,燃气管道埋地困难时才允许架空敷设。工厂厂区内的燃气管道常采用架空敷设,其主要目的是便于管理和维修,以减少燃气泄漏的危害性。

1.4.2　燃气管网系统

城市燃气管网是由燃气管道及其附属设备组成。按照低压、中压、次高压和高压各类压力级别管道的不同组合,城市燃气管网系统的压力级制可分为:

一级制系统:仅由低压或中压一种压力级别的管道构成的燃气分配和供给的管网系统;

二级制系统:以中-低压或次高压-低压两种压力级别的管道组成的管网系统;

三级制系统:以低压、中压和次高压或高压三种压力级别的管道组成的管网系统;

多级制系统:以低压、中压、次高压和高压等多种压力级别的管道组成的管网系统。

1)低压供应方式和低压一级制系统

低压气源采用低压一级管网系统供给燃气的输配方式,一般适用于小城镇。

根据低压气源(燃气制造厂、储配站)压力的大小和城镇规模的大小,低压供应方式分为利用低压储气柜的压力进行供应和由低压压送机供应两种方式。低压供应原则上应充分利用储气柜的压力,只有当储气柜的压力不足,将会导致低压管道的管径过大(不合理)时,才采用低压压送机供应。

低压湿式储气柜(图1.1):其储气压力取决于储气柜的构造及重量,并随钟罩和钢塔的升起层数而变化,下列数据可供参考:

湿式储气柜的升起层数	储气压力(Pa)
1	1100 ~ 1300
2	1700 ~ 2100
3	2500 ~ 2900
4	3100 ~ 3400
5	3600 ~ 3800

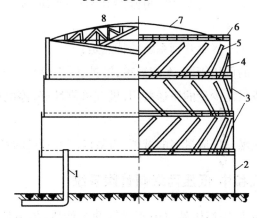

图 1.1　低压湿式储气柜结构示意图

1—进气管;2—水槽;3—塔节;4—钟罩;5—导轨;6—平台;7—顶板;8—顶架

低压干式储气柜(图1.2):其储气压力主要与活塞质量有关,储气压力是固定的,一般为 2000 ~ 3000 Pa。

为了适当提高储气柜的供气压力,可在湿式储气柜的钟罩上或干式储气柜的活塞

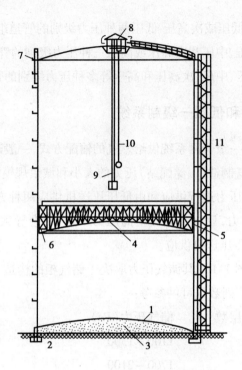

图 1.2　低压干式储气柜结构示意图

1—底板；2—环形基础；3—砂基础；4—活塞；

5—密封垫圈；6—加重块；7—燃气放散管；8—换气装置；

9—内部电梯；10—电梯平衡块；11—外部电梯

上加适量重块。

低压供应方式和低压一级制管网系统的特点是：

①输配管网为单一的低压管网，系统简单，维护、管理容易；

②无须压送费用或只需少量的压送费用，供气可靠性好，停电或压送机发生故障时基本不妨碍供气；

③对供应区域大或燃气供应量多的城镇，需敷设较大管径的管道，经济性不高。

2) 中压供应方式和中-低压两级制管网系统

中压供气管道经中-低压调压站将中压燃气调至低压，再由低压管网向用户供气；或由低压气源厂和储气柜供应的燃气经压送机加至中压，由中压管网输送，再通过区域调压器调至低压，由低压管网向用户供气。在系统中设置储配站以调节用气不均匀性。

中压供气和中-低压两级制管网系统的特点是：

①因输气压力高于低压供应，输气能力较大，可用较小管径的管道输送较多量的燃

气,以减少管网的投资费用;

②只要合理设置中-低压调压器,就能维持比较稳定的供气压力;

③输配管网系统有中压和低压两种压力级别,并且设有调压器(有时包括压送机),因而维护管理较复杂,运行费用较高;

④由于压送机运转需要动力,停电将会影响正常供气。

因此,中压供应及二级制管网系统适用于供应区域较大、供气量较大、采用低压供应方式不经济的中型城镇。

3)次高压(高压)供应和高(次高压)-中-低压三级制管网系统

①高压(次高压)管道的输送能力较中压管道更大,需用管道的管径更小,如果有高压气源,管网系统的投资和运行费用均较经济。

②因采用管道或高压储气柜(罐)储气,可保证在短期停电等事故时供应燃气。

③因三级制管网系统配置了多级管道和调压器,增加了系统运行维护的难度。如无高压气源,还需要设置高压压送机,压送费用高,维护管理较复杂。

因此,高压供气方式及三级制管网系统适用于供应范围大、供气量大,并需要较远距离输送燃气的情况,可节省管网系统的建设费用,用于天然气或高压制气等高压气源更为经济。

此外,根据城市条件、工业用户的需要和供应情况的不同,还有多种燃气的供应方式和管网压力级制。例如:中压供应及中压一级制管网系统、高压(次高压)供应及高(次高压)-中压两级制、高(次高压)-低压两级制管网系统或者它们并存形成多级制供应系统。

 习 题

一、填空题

(1)焦炉煤气的主要组分为_____;天然气的主要组分为_____;液化石油气的主要组分为_____。

(2)根据热值的定义,一氧化碳的高热值_____低热值。

(3)一般可燃气体在空气中的着火温度比在纯氧中的着火温度高_____。

(4)工程中,燃气的着火温度应有实验确定,液化石油气气体的最低着火温度_____天然气的着火温度。

(5)常见燃气的爆炸极限:天然气的爆炸性极限为_____,液化石油气气体的爆炸极限为_____,焦炉煤气的爆炸极限为_____。爆炸下限越低的燃气,爆炸危险性越大。

(6)符合天然气质量标准的二类天然气其硫化氢含量不应大于_____,二氧化碳体积百分比不_____。

(7)《城镇燃气设计规范》要求聚乙烯管道严禁用于室内_____燃气管道和室外_____燃气管道。

二、简答题

(1)简述燃气与空气混合比例为什么仅在爆炸极限范围内发生爆炸。

(2)简述城镇燃气输配系统的一般构成。

(3)城镇燃气管道根据不同用途分为哪几类?简述其各自的用途。

(4)《城镇燃气设计规范》如何将城镇燃气管道划分为7个级别?

(5)简述燃气管网系统的不同类型压力级制及其应用。

2 城市燃气图档管理

■ 核心知识

- ■ 管道图识读
- ■ 燃气设计图
- ■ 燃气测量与竣工
- ■ 燃气管线探测与定位
- ■ 燃气管网地理信息系统

■ 学习目标

- ■ 掌握管道图识读的基本内容与原则
- ■ 掌握燃气施工图纸的组成
- ■ 熟悉管道测量仪器设备的使用与保养规定
- ■ 了解管道测绘技术要求
- ■ 熟悉探测地下燃气管线的基本方法
- ■ 了解燃气管网地理信息系统的组成部分

2.1

管道识图的基本知识

2.1.1 比例尺的基本概念

1)比例及比例尺

根据地图的用途,所表示地区范围的大小、图幅的大小和表示内容的详略等不同情况,制图选用的比例尺有大有小。地图比例尺中的分子通常为1,分母越大,比例尺就越小。通常比例尺大于$1/10^5$的地图称为大比例尺地图;比例尺介于$1/10^5 \sim 1/10^6$的地图,称为中比例尺地图;比例尺小于$1/10^6$的地图,称为小比例尺地图。在同样图幅上,比例尺越大,地图所表示的范围越小,图内表示的内容越详细,精度越高;比例尺越小,地图上所表示的范围越大,反映的内容越简略,精确度越低(可简记为"大小详、小大略"方便应用)。

比例应以阿拉伯数字表示,如1:1、1:2、1:100等。比例的大小,即指比值的大小,如1:50大于1:100。图样的比例应为图形与实物相对应的线性尺寸之比。例如1:1是表示图形大小与实物大小相同;100 m在图形中按比例缩小只画成1 m可表示为1:100。一般情况下一个图样应选用一种比例。

2)比例尺应用

比例尺的样式多为图2.1所示,其6个面上分别标有1:100、1:200、1:300、1:400、1:500、1:600。针对图纸标出的比例,使用相应标志的比例尺:例如图纸比例标为1:100,则使用标志为1:100的比例尺,尺上显示长度即为实际距离;又如图纸比例标为1:1500,则可使用标志为1:300的比例尺,尺上显示长度乘以5即为实际距离。如果没有正规比例尺,只有三角板或直尺,则需要进行两步操作:①找到图上标注的比例;②以尺子量取距离(即比例为1:500的图纸上,1 cm的长度实际相当于5 m;比例为1:1000的图纸上1 cm的长度实际相当于10 m)。

图 2.1　比例尺

3）地图比例尺和表现形式

传统地图上的比例尺通常有以下几种表现形式：数字式比例尺，文字式（又称说明式）比例尺，图解式比例尺。

数字式比例尺：可以写成比的形式，如 1∶100、1∶5000 等；亦可写成分式形式，如 1/1000、1/10000、1/25000 等。

文字式比例尺：分两种，一种写成"一万分之一""五万分之一"等；另一种是写成"图上 1 cm 等于实地 1 km""图上 1 cm 等于实地 10 km"等。

图解比例尺：可分为直线比例尺、斜分比例尺、复式比例尺。常见的是直线比例尺，就是以直线线段形式标明图上线段长度所对应的地面距离。

2.1.2　坐标的基本知识

1）地球坐标系

地球表面上任一点的坐标，实质上就是对原点而言的空间方向，通常通过经度和纬度两个角度来确定。

地理坐标，就是用经纬度表示地面点的球面坐标。在大地测量学中，对于地理坐标系统中的经纬度有三种提法：天文经纬度、大地经纬度和地心经纬度。

2）大地坐标系

现我国各省市基本上都采用国家大地坐标系，也有采用地方坐标系的，如北京市，但都可以以一种换算方式与国家大地坐标系进行转换。

知识窗

1980 年,我国国家大地坐标系选用了 1975 年国际大地测量协会推荐的参考椭球,建立了"1980 西安坐标系",它设立的大地原点位于我国中部西安市附近的泾阳县境内。

2008 年 6 月,经国务院批准,根据《中华人民共和国测绘法》,中国自 2008 年 7 月 1 日起启用 2000 国家大地坐标系。2000 国家大地坐标系与现行的"1980 西安坐标系"转换、衔接的过渡期为 8~10 年。

2.1.3 高程的基本知识

地面点除了以地理坐标来确定其平面位置外,同时要确定其高程位置。表明地面点高程位置的方法有两种:一种是绝对高程,即地面点对大地水准面的高度(由于大地水准面即平均海平面,因此通常也将绝对高程称为海拔);另一种是相对高程,即地面点对任一水准面的高度。

我国现行的高程基准是 1987 年国家测绘局公布的"1985 国家高程基准",指以青岛水准原点和青岛验潮站 1952—1979 年的验潮数据确定的黄海平均海水面所定义的高程基准,其水准点起算高程为 72.260 米。

2.2
燃气管道设计图

2.2.1 燃气管道设计图纸的特点

设计图是设计单位根据用户要求,将气源点到用气点之间的燃气管道连接关系以比例图的形式表示出来的图样。图纸中以不同的线型来表示不同的介质或不同的材质或不同功能的管道,图样上管件、附件、器具设备等都用图例符号表示。这些图线和图例只能表示管线及其附件等安装位置,而不能反映其安装的具体尺寸和要求。因此在看图之前,必须初步了解燃气管道及设备,具备管道安装的工艺知识,了解管道安装操作的基本方法及各种管路的特点与安装要求,熟悉燃气管道施工规范和质量标准。图2.2 为某厨房天然气管道设计图。

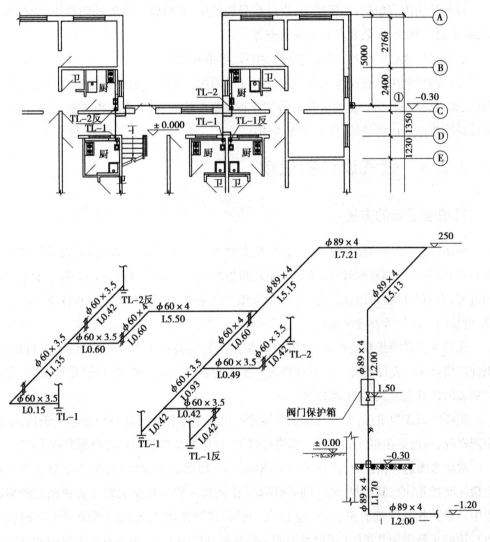

图 2.2　天然气管道设计图

2.2.2　燃气管道设计图的组成

完整的燃气管道设计图由目录、设计说明、主要材料表和设计图样组成。

目录对设计说明、表格、图样进行编号且按顺序排录。例如某建筑燃气工程图的目录包含有以下内容:设计说明、主要设备材料表、一层平面图、标准层平面图、管道轴测图、燃气表安装详图。

设计说明内容包括:工程概况,设备型号和质量,管材管件及附件的材质、规格和质量,基本设计数据,安装要求及质量检查等。

主要材料表说明材料、设备的名称、型号、规格和数量。

设计图样利用已有建筑图表述建筑燃气平面图。根据平面图绘制燃气管道的轴测图(又称系统图)。对设备安装和对管道穿越建筑的特殊部位,若仅由平面图、轴测图和设计说明难以表述清楚的,应由详图表述。

2.2.3　燃气设计图识读

1)识读图纸的方法

识图时,一般应遵循从整体到局部,从大到小、从粗到细的原则,同时要将图样与文字对照看,各种图档对照看,以便逐步深入和逐步细化。看图过程是一个从平面到空间的过程,必须利用投影还原的方法,再现图纸上各种线条、符号所代表的管路、附件、器具、设备的空间位置及管路走向。

先检查图样的张数是否齐备(即有多少张图),再按目录进行清点,然后进行识读。识读应按目录—设计说明—主要材料表—图档的顺序进行。通过目录、设计说明、主要材料表的认真识读,了解工程概况。

图样的识读为重点,可分为粗读和精读。粗读是把各种图样对应简单的识读,掌握全面概况;精读是在粗读的前提上再进行详读,对图的整体和局部都有深刻的掌握。

对单张图进行精读时,应首先明确图纸方向,即找到指北针(标准图纸通常都在右上角标明指北针);其次找到图纸的比例尺(比例尺一般标在指北针下方或图纸的标题栏中);第三找到图纸的坐标点(坐标点一般标在图纸的四角或图纸中的十字网格旁边);第四了解图例及说明(图例及说明一般在标题栏的上方,用于对本图所用的符号作出解释)。读图顺序是平面图—轴测图—详图,按此顺序进行多次反复识读。

2) 识图应掌握的内容

目录识读应掌握图样的张数和图样的名称。

设计说明识读应掌握设计者的意图,如设计参数、资料、工程要求等,特别要对主要设备、主要材料、施工方法、施工质量进行全面掌握。

主要材料表识读应掌握主要材料、设备的材质、型号、规格和数量,对它们的用途也应掌握。

图样识读应掌握:图的数量,各图之间的关系;在各图样中重点掌握管道的走向、尺寸、管材,管道与建筑的空间位置关系;掌握各种设备的型号、数量、平面及空间的位置,掌握各种管道与设备的连接关系。识图时不管是看平面图还是轴测图,需按流向识读,顺序为燃气进户管—立管—支管—燃气表—连接燃气用具的立管和支管,也就是从大管径到小管径方向进行识读。

2.3
管道测量与竣工图

2.3.1 管道测量

1) 配置测量人员

燃气测绘单位可根据工程数量和工程规模配置测量人员:

①管线测量工作以班或组为单位,每次外出作业不得少于三人;

②测量人员应根据工程进度,保证管线测量工作及时完成。

测绘单位应根据岗位要求,将测绘人员定期送至测绘管理单位进行技术培训,培训合格后取得职业资格证书方可上岗从事测绘工作。

2) 测量仪器、设备相关要求

(1) 常用测量仪器(图2.3)

全站仪是一种集光、机、电一体的高技术测量仪器,是集水平角、垂直角、距离、高气测量于一体的测绘仪器系统。因其一次安置仪器就可完成该测站会部测量工作,所以称为全站仪。激光测距仪是利用激光对目标距离进行准确测定的仪器。激光测距仪重量轻、体积小、操作简单而准确。水准仪是根据水准测量原理测量地面点间高差的仪器。

(a)全站仪　　　　(b)手持激光测距仪　　　　(c)水准仪

图2.3　测量仪器

(2)测量仪器、设备应符合以下规定

①各单位应根据工程数量、工程规模和工程位置等情况配置相应的测量仪器、设备用具,并保证仪器、设备的数量满足测量工作的需要。主要测量仪器、设备配置可参照表2.1执行。

表2.1　测量设备配置参考表

仪器分类	设备厂家及规格型号	测量精度	配置数量
全站仪	拓普康6002	2 s	每班(组)1 台
	索佳2110	2 s	
水准仪	索佳C32		每班(组)2 台
激光测距仪	莱卡classic5		每班(组)1 台

②测量仪器、设备应由专门设备管理人员定期进行校验及保养,保证测量精度。

• 每年1次对全站仪、水准仪、激光测距仪、管线探测仪、全球卫星定位系统(GPS)进行检定与校验,以保持仪器原有的精度。

• 使用其他测量器具(钢卷尺、塔尺、棱镜、基座、三角架等)时也应尽量做到谨慎小心,避免损坏;使用完毕应擦拭干净方可放入存储柜。

3)前期准备

①测量工作开始前应提前与工程联系人进行联系,了解工程位置、管线长度、管道压力、管径等工程大致情况;

②对测量所需仪器设备进行检查,确认设备状态良好、电池电量充足,保证当天的

测量工作顺利进行；

③准备当日测量工作所需的测量器具，如钢卷尺、塔尺、棱镜、基座、三角架等；

④准备当日测量工作所需的各项记录手簿，如导线手簿、极坐标手簿、水准手簿、草图纸等；

⑤测量人员应按相关安全规定要求进行着装，并携带相应安全标志，如反光标志桶、安全旗等；

⑥进入有限空间进行量测工作，应按有限空间相关规定进行审批后再进行。

2.3.2　管线测绘技术要求

1) 导线、支导线以及地形测量

 知识窗

导线

导线是将一系列测量控制点，依相邻次序连接而构成折线形式的平面控制图形。导线由导线点、导线边、导线角一系列导线元素构成：

导线点：是导线上的已知点和待定点。

导线边：是连接导线点的折线边。

导线角：指导线边之间所夹的水平角。与已知方向相连接的导线角称为连接角（亦称定向角）。导线角按其位于导线前进方向的左侧或右侧而分别称为左角或右角，并规定左角为正、右角为负。

单一导线与导线网，其区别在于前者无结点，而后者具有结点。单一导线可布设成：附合导线（起始于一个已知点而终止于另一个已知点）、闭合导线（起闭于同一个已知点）、支导线（从一个已知点出发，既不附合于另一个已知点，也不闭合于同一个已知点）。导线网可布设为：附合导线网，具有一个以上已知点或具有其他附合条件；自由导线网，网中仅有一个已知点和一个起始方位角而不具有附合条件。

支导线

支导线是由已知控制点出发，不附合、不闭合于任何已知点的导线。

附合导线

附合导线是导线测量的一种,由一个已知点出发开始测量,经过若干未知点,到达另一个已知点,然后通过平差计算得到未知点平面坐标的导线测量。

---

①所有燃气管线均应在现场明沟实测,管线及地形测绘以附合导线方式为主。优先采用当地地方坐标系,没有地方坐标系的采用国家标准坐标系。采用当地地方坐标系的,应能转换成国家标准坐标系。高程统一采用黄海高程。

②导线测量应采用附合法布设控制点:起闭于主控制点的附合导线 1 总长度不超过 2.25 km,由 1 引出的附合导线 2 总长度不应超过 1.5 km,由 2 引出的符合导线 3 总长度不应超过 900 m;最大边长不超过后视边长的 2 倍;因地形限制导线无法附合时,可布设不多于 4 条边的支导线,总长度不超过 450 m;边长用测距仪测距时,采用测两次取平均值的方法,且单边距离不超过 150 m(极坐标单边距离同此标准)。

③支导线的水平角观测采用左、右角各测一测回,其测站圆周角为 360°,闭合差不超过 ±40 s。选择支导线测量前,首先校核已知点的距离和角度,确认正确后方可使用。支导线用英文大写字母加数字的编号方法,如 A1,A2,…同一工程件中不得出现重号。现场绘制的导线(支导线)、极坐标草图必须将布设的导线点与观测物相连接。当极坐标摆站一样时无须在手簿中重复记录。同一张手簿若正反面均有原始记录的,两面都注明观测人员、前后视人员及测量时间,工程号及输配公司提供的任务单号在记录手簿的正面注明即可。

④燃气管线(高中压以及管径在 200 以上的低压)的位置采用导线串测法或极坐标法控制,观测记录中用"T"+"序号"+"变化点或设备名称"的方法表示(如 T1 三通,T2 闸井,等等),高中压管线的折点须采用双测回法,其测站圆周角的闭合差不应超过 ±40 s。

⑤利用管线两侧主要建筑物进行管线变化点栓距的,必须采用解析坐标法施测地物,测量时观测建筑物的长边,遇多边形楼房时,无入户的一侧也需测量楼房的全貌,观测记录中用"F(或 L)"+"序号"+"建筑物或道路名称"的方法表示(如 F1 房角、L2 路西南边,等等),布设的支导线单纯用于测量地形时可放宽至 8 个点,总长度为 800 m(单边不超过 150 m)。

⑥管线分期施工、测量的,后期测量人员必须校核原有地形,且确认误差范围小于0.25 m后方可使用。

⑦测量电保护时,除测量管线上的点位外,还需加测检查井或测试桩坐标。

⑧对调压箱施测其管线进出口位置和箱中的坐标。

⑨遇双排管并行且套管在10 m以上的管线时,以坐标法分别测量套管两头的管线及套管位置,同时测量以上各点的高程。

⑩调压站站房外建有围墙的,以坐标法测量围墙及站房的地形;若围墙内建有地上设备的,管线的终点只需测量到围墙处,若无地上设备的,管线的终点测量到站房处。

⑪鉴于塑料管的特殊性,测量中折点的位置按照沟槽取点施测,同时在测过坐标的点位处做记号,便于管线的栓点和高程使用;管线上出现三个以上连续变径时,只测量头尾两个变径点的坐标及高程,整理资料时在成果表的备注栏内逐一表明管径并注明"连续变径"字样。

⑫遇到管线折点处弧度较大时,坐标和高程测量时必须加密取点,以正确显示管线的走向和坡度。

⑬非开挖工程只需测量两侧裸露管线的坐标和高程,非开挖段由施工方按要求提供竣工剖面图。

⑭现场目测闸井与两侧最近的变化点不在同一平面时,在节门两侧约0.5 m处加测点位的坐标及高程。

⑮管线接点处测量时,需相应施测周边的永久性建筑物。

知识拓展

测量平差

测量平差是用最小二乘法原理处理各种观测结果的理论和计算方法。

为了提高成果的质量,处理好测量中存在的误差问题,要进行多余观测,有了多余观测,势必在观测结果之间产生矛盾,测量平差目的就在于消除这些矛盾而求得观测量的最可靠的结果,并评定测量成果的精度。

附合导线平差的一般步骤:

①绘制计算草图,在图上填写已知数据和测量数据。

②角度闭合差的计算与调整。

③按新的角值,计算各边坐标增量。

④坐标增量闭合差得计算与调整。

⑤根据坐标增量计算坐标。

2) 高程测量

①凡管线上各变化点或设备[起终点、变坡、高点、低点、乙字弯、三通、折点、闸井、抽水缸、变径(大、小头)]、10 m 以上套管两头、与已有燃气管线交叉处(交叉管线的管顶高)均必须测量管顶高程(三通点管径不同时,必须测量干线、支线高程,闸井加测井面高程)。10 m 以上保护沟测量沟底高程,若无条件时也可通过测量沟顶高程减去相应的数值获得,测量过程中严禁使用中视法;高程测量一律采用省级地方高程系统。

②高程测量采用附合水准法,由一个已知点附合到另一个已知点,闭合差不得超过 $\pm 10 \sqrt{N}$(N 为站数)。引测 BM 点的闭合差不得超过 $\pm 10 \sqrt{K}$(K 为千米数)。

③BM 点的位置选在固定建筑物的墙角或坚实且易于查找的地方,同时将位置图绘于高程手簿的备注栏内。

④手簿记录要清晰,如出现笔误或需重测某个点位时,要将更改处划去写在下一空格处;在备注栏内绘制出管线走向、用气建筑物的楼号或公服(公共服务用户)名称;所测点位的编号应与编号栏内相符。同一张手簿若正反面均有原始记录的,两面都注明观测人员、扶尺人员及测量时间,工程号及工程名称只在记录手簿的正面注明即可。

⑤高程测量中,超过塔尺高度的管线(如架空管)可先行测量地面高,然后记录架空管管顶距地面的高度。如果是过路管,可先行测量管线的"乙上"高程,然后记录该点距"乙下"管顶处的深度,高程计算时先算出所测点位的高程,然后在所得的结果后加(减)高度或(深度)。

⑥高程测量中,适时根据现场的地面变化选测地面高。

3) 栓点与丈量

①凡管线的起终点、三通、折点、楼前管两头的入户都应逐一栓点,且每个变化点须保证三个栓点,且栓点之间的角度大于30°,若条件有限也可用直角栓距法控制,栓点的

最大边长不得超过 30 m。

②管线各变化点和套管之间的距离必须用校对过的钢尺进行丈量,10 m 以下保护沟需丈量长、宽和高。

③楼前管及入户的管线上出现一处或多处折点时必须用栓点法控制其位置。

④现场测量时必须核实新、旧管线和套管的管径。

⑤原始草图必须画参照物。

2.3.3　内业整理与资料录入

1)内业整理

①不允许使用过期或已作废的原始起算数据;导线或支导线计算中,使用不相邻的两个已知点反算方位角时必须用计算机编程;计算的闭合差成果,要经两次初算和验算后方能交付使用,计算成果保留到小数点后两位数;同一张记录手簿的正反面均写明计算人和检算人。

②绘制导线略图及平面示意图时在题头位置注明工程名称、指北方向,所有管线集中绘制在一或两张纸上,如条件不允许,在导线略图及平面示意图的第一张的左上角位置绘制接图表,其余的图纸注明编号;沿线所有闸井、保护沟、套管详细注明有关尺寸;同一管径和套管的管线标注在管线的中间或两头,有变化的点依据位置的变化单独标注;入户至楼角的距离必须标注,各入户之间若存在相互平行关系,可在两头标注管径,若不平行必须逐一标注间距。

③管线以气源处的主干线为起点,本着先主线后支线、先高中压后低压的原则,顺序编辑线号和节点号,遇三通点管径发生变化时,必须变线号。

④抄录成果表时,按压力级制分开抄写。所有管径均标注内径,塑料管用 De 表示,钢管用 DN 表示,用于绘制纵断面图的各变化点间的距离。管径必须工整地抄录在成果表靠左侧的位置。

⑤工程说明表中写明管线的具体地点、开工日期、竣工日期、设计单位、施工单位、测量日期、测量部门、测量方法(解析坐标法或距离交会法)、采用的已知点名称以及测量过程中遇到的需要说明的现场情况,同时注明原始资料的整理是否符合规范要求。

⑥所有手簿必须保证页面整洁;手簿编号一律使用阿拉伯数字标注在每页纸的右下角位置,同一张手簿如均有原始记录可正反两面连续编号(反面编在左下角);不可在测绘部门提供的点号或 GPS 成果表中标注工程名称或所属班组名称;测量资料封面必须注明工程名称(写清楼号、公服名称)、压力级别、工程号以及测绘公司的测绘专用章。

2）资料录入

①录入人员首先核对转交的测量资料是否完整，然后计算地形图号并按标准（例：1—1—1—[1]）填入图号栏内。

②竣工平面图：将燃气管线绘制在比例为1∶500的某市地形图上，没有地形图的可参照工程设计图纸（条件是地形现状与图纸误差在0.25 m以内）。

③竣工纵断图：高中压管线以及管径200 mm以上、管长10 m以上的低压燃气管线必须绘制纵断图。绘制标准比例为横向1∶500，纵向1∶50；图中应绘制出各变化点的里程号、高程、坡度，注明管径和相应的地面高；三通、变径点数据不同的标注两个高程；绘制过程中如出现变化点集中且距离较短时，可酌情错开标注，纵断面图中的闸井与管线保持在一个平面上。

④大样图：变化点集中（一般为3个以上）且相对距离较短时，可在附近绘制大样图，管线中的管件、管径、节点号或栓点、高程一律标注在大样图内。

⑤低压管径在200 mm以下且管长在50 m以内的可不出竣工图，但在规划道路上的管线200 mm以下的低压管道必须出蓝图。

⑥录入过程中若出现碰口处未正确连接、新管线占压建筑物（或管线）等问题时，录入员应在竣工图检查录入验收表中注明，并退回测量人员校核。测量人员应对出现的相关问题进行实地勘测并提供校核资料，严禁标注"见管实测"字样。

⑦录入中发现问题时，由组长登记后统一退回测绘部门计划人员。

⑧严禁使用非测绘部门认定的单位绘制的地形图。

⑨参照国家规定图纸规格，结合燃气实际情况，特制定以下4种图纸幅面供录入人员使用：

● 幅面代号0#图纸：（框内）长宽尺寸1000 mm×800 mm；
● 幅面代号1#图纸：（框内）长宽尺寸800 mm×600 mm；
● 幅面代号2#图纸：（框内）长宽尺寸600 mm×400 mm；
● 幅面代号3#图纸：（框内）长宽尺寸400 mm×300 mm。

2.3.4　资料质检

①严格按照各地测绘质控单位的相关规定进行资料验收。

● 核对测量时所使用的基准点数据是否在有效周期内；

● 核对导线、极坐标以及水准的各项限差是否符合规范要求，测量方法是否符合标准；

• 竣工资料有无错、丢、漏点位,管线走向是否正确,来龙去脉是否清楚;

• 确认所验收资料是否与该工程附近管线拼接合理且完整;

• 确认各种手簿的记录项目是否填写齐全,成果表、导线略图、平面示意图、竣工图与原始资料的内容和对应编号是否一致,注记方法和工程说明是否符合要求;

• 核对内业绘制的导线略图、平面示意图是否与竣工图方向一致。

②审核人员要严格把关,发现问题一律不得迁就,不符合标准的资料经登记后退回测绘部门计划人员。

③竣工资料经校核无误后,签检查人姓名、完成日期,移交晒图部门出蓝图。

2.3.5 测量竣工图整理与装订

1)竣工图

竣工图是工程竣工验收后,真实反映建设工程项目施工结果的图样,包括竣工平面图及竣工纵断面图。

(1)竣工平面图

竣工平面图的比例尺一般采用1:500、1:1000、1:2000。

竣工平面图一般包括如下内容:

①管线走向、管径(断面)、附属设施(检查井、人孔等)、里程、长度等,及主要点位的坐标数据;

②主体工程与附属设施的相对距离及竣工测量数据;

③现状地下管线及其管径、高程;

④道路中线、轴线、规划红线等;

⑤预留管、口及其高程、断面尺寸和所连接管线系统的名称。

(2)竣工纵断面图

竣工纵断面图的比例尺一般采用横向1:500,纵向1:50。

竣工纵断面图一般应包含相关的现状管线(注明管径)、构筑物(注明高程),并根据专业管理的要求补充必要的内容。

2)竣工图的绘制

(1)竣工平面图的绘制

①将测量的各点坐标按1:500的比例绘制在地形图上,标注四角坐标,图内标注十字网。

②绘制竣工图要体现工程主体化,即尽量把工程的来龙去脉绘制在一张图上,所有管线管件(包括电保护的检查井或测试桩)按规定图例绘制,图内详细标明市政道路、街道、建筑物(或机关单位)名称、楼号(或层高)、管线变化点位置,已施测坐标标清其节点号。

接线点新管线高程、方位应与旧线衔接合理,各个节点号应与导线略图一致。管线走向、管线长度、管径、套管、栓点、高程、管线设施、入口到楼前数据等均应与现场测量草图相对应。遇有交叉管线时,应查看两点高差,确认管线是否能顺利通过。应尽量详细地标明管线与相邻的市政道路、街道、机关单位或建筑物(需标名称)之间的关系。管线上所有管件,按规定图例绘制。特殊处理管段(如过河、过街、过铁路等)注明套管材质、管径。

③未测坐标点以平面示意图形式标注相应的栓点(包括直角距)及高程。钢塑(塑钢)转换合并为一个符号,在此符号两侧加注管径;特殊处理管段(如过河、过街、过铁路等)注明套管材质、管径。长度在 10 m 以上的套管和保护沟用坐标法展绘;非开挖部分应注明为非开挖管段。

④绘制的竣工图超过 3 张时,在第一张左上角绘制接图表,其余各张注明编号。

(2)竣工纵断面图的绘制

高、中压管线以及管径为 200 mm 以上、管长 10 m 以上的低压管线应绘制竣工纵断图。绘制标准比例为横向 1∶500,纵向 1∶50。图中应绘制出各变化点的里程号、管线长度、管线高程、坡度、管径、相应的地面点高程。三通、变径点数据不同时应标注两个高程。绘制过程中如遇到变化点集中且距离较短的情况,可酌情错开标注。竣工纵断面图中的闸井应坐落在平直的管段上,绝缘接头、三通点应在直管段上。地面点应取之合理,距管顶过深和过浅均应与测量员核实。

3)竣工图常用符号解释

①细实线:地形;

②粗实线:低压线;

③单点画线:中压线;

④双点画线:高压线;

⑤ +:即十字网线,在 1∶500 的图纸上,图上两个" + "(十字线)之间为 10 cm,实际地面距离 50 m;

⑥引出线标注;

⑦四角坐标:图纸的四个角标注的数字,用以快速查询定位;

⑧管径:DN200 表示管线内径为 200 mm 的钢管,ϕ219 表示管径外径为 219 mm 的钢管,De168 表示管径为 168 mm 的塑料管,管径一般标注在管线的下方;

⑨乙字弯:又称"乙上乙下",即侧视图管线形如乙字,故称乙字弯;

⑩高点:小范围内管线的最高点;

⑪低点:小范围内管线的最低点,使用人工煤气时通常在此点设置抽水缸或称凝水器;

⑫变坡:管线走势呈一边高、另一边低,也可以称为长乙字弯;

⑬堵头:管线终止点,一般在管线端点,用一小段与管线垂直的线段表示。

4)燃气资料的装订

(1)复印(一律采用 A4 纸)、晒图

(2)裁图(裁掉竣工图中细实线以外的部分)

(3)叠图(按 210×297 的规格折叠成手风琴式)

(4)装订(然后转交资料室归档保存)

(5)装订顺序:

①封面;

②卷内目录;

③管线竣工测量表(工作说明、内容填写要工整清楚);

④管线成果表(送检工程提供机打成果表);

⑤导线略图;

⑥平面示意图;

⑦测绘部门提供的点号或 GPS 成果表;

⑧测量原始手簿按测量日期排序:a. 导线手簿,b. 极坐标,c. 导线草图,d. 高程手簿,e. 量距原始草图;

⑨竣工平面图;

⑩竣工纵断面图。

2.4
地下燃气管线探测与定位

随着城市的发展,地下管线的管理在城市管理中日益变得重要起来。现代化城市基本上都拥有一个结构复杂、规模庞大的地下管线系统,这个系统为城市提供给水、排水、电力、燃气、热力、电信等必备的物质基础,成为城市的生命线。燃气管线作为其中重要的市政基础设施,发挥着极其重要的作用。

由于历史等原因,一些城镇管线资料不全、家底不清、修测不及时,使得部分管线已经无法准确定位,管线间拓扑关系状况不清,为调度管理、运行维护、工程施工、应急抢险带来一定困难,为城市运行带来潜在隐患。因此,运用科学有效的方法对已埋设但情况不明的地下燃气管线进行探测普查,查明其平面位置、高程、埋深、走向、规格、性质等信息尤其重要。

地下管线探测是采用物探和测绘技术确定地下管线空间位置和属性的全过程,它涉及物理学、地球物理学、工程测量学、市政建设、城市规划与管理等学科。

2.4.1 地下燃气管线探测

地下燃气管线一般分为两种:第一种是金属管材,主要是钢质或铸铁燃气管,其电性特征表现为良导圆柱体,它与周围覆盖层存在明显的电性差异,且表现为二维线性特征,常规探测方法能较好地识别;第二种为非金属管材,主要是 PE 燃气管,其外壳表现出高阻性质,探测这类高阻管,常规方法难以识别。另外,一些干扰源对管线的探测精度也存在很大影响,这些干扰主要来自道路结构的钢筋网、路面金属隔离带、架空或地下电力线、地下管线间相互干扰等。因此,在如此复杂环境下进行管线探测,不仅需要高性能的探测仪器,还需要结合多种物探方法。

1)地下管线探测的技术规定

根据《城市地下管线探测技术规程(CJJ 61—2003)》要求,地下管线探测的技术规定主要包括以下几个方面:

①平面坐标系统、高程系统和地下管线图的分幅与编号;

②地下管线普查的取舍标准,需探测的地下燃气管线:管径 ≥50 mm 或管径 ≥75 mm;

③地下管线探测和测量精度;

④地下管线图的测绘精度;

⑤管线点的设置、间距、编号,管线点地面标志设置,探查记录要求;

⑥地下管线探查工作的质量检验;

⑦地下管线测量的内容、方法;

⑧测量成果的质量检验;

⑨地下管线图的编绘方法、内容和要求,以及成果表编制和编绘检验等。

具体内容可参见国家行业标准《城市地下管线探测技术规程》及各地地方相关标准。

2）地下管线探测的工作程序

地下管线探测的工作程序大致可分为:

①签订合同:与具有探测资质的测绘单位签订探测编绘合同,明确测区范围,交代地下燃气管线探测任务;

②协助合同单位收集整理资料,收集测区及相邻的控制点成果、地形图、管线图以及管线的设计、施工与竣工资料;

③由管线运行人员与探测人员共同踏勘现场,了解测区的地形、地物、地质、地貌、交通及管线分布出露情况;

④由探测单位编写技术设计书,制订管线探查和测量的技术方法,进行工作进度安排,提供质量保证措施;

⑤已有管线的现况调绘,编制地下管线现况调绘图;

⑥地下管线探查的实地调查,对明显管线点做调查、记录和量测;

⑦采用物探技术方法进行地下管线隐蔽管线点的探测,在地面设置标志;

⑧在管线现况调绘的同时进行管线的控制测量;

⑨管线测量一般使用全站仪用极坐标法进行;

⑩地下管线带状地形图测绘,应采用数字测绘方法;

⑪地下管线探查和测量的质量检查,编写相应的质量检查报告;

⑫地下管线图编绘,包括地下管线图、专业地下管线图、管线横断面图以及局部放大图的编绘;

⑬编绘检验和成果表编制;

⑭地下管网信息系统的数据库建库与数据库转换工作。

3）地下管线探测方法介绍

探测地下管线的方法基本上分为两种。一种是当阀门井、凝水器井分布较密时,可借助其采取井内直接观测与追索的方法。在环境条件允许的情况下,可适当开挖一定数量探坑;而对于埋深较浅且覆土层松软的情况,可采用钢钎简易触探。井内观测与追索通常是井内、探坑、触探相结合,这种方法在某些管线复杂地段和检查验收中仍需采用,且经济简便、可行直观。另一种是利用地下管线探测仪器与井中调查相结合的物探方法,这是目前应用最为广泛的方法。物探方法分为磁探测法、电探测法和弹性波法,以下予以简要介绍。

(1)磁探测法

磁探测法是地球物理探测法中的一种,也称为磁法探测。埋设于地下的铁质管道在地球磁场的作用下易被磁化,管道具备一定磁性。管道磁化后的磁性强弱与管道的铁磁性材料有关,钢质、铁质管道的磁性较强,铸铁管道的磁性较弱,非铁质管道则没有磁性。磁化的铁质管道成为一根磁性管道,由于铁的磁化率强而形成其自身的磁场,与周围物质的磁性差异很明显。通过地面观测铁质管道的磁场分布,即可发现铁质管道并推算出管道的埋深。

在磁探测法中使用的仪器一般统称为磁力仪。最早生产和广泛使用的是刃口式机械磁力仪,随后又生产出悬丝式机械磁力仪。随着科技的进步,磁测仪器由机械式向电子式转变,主要有磁通门磁力仪、质子磁力仪、光泵磁力仪和超导磁力仪等,当前使用较多的是质子磁力仪(图2.4)。

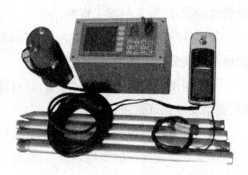

图2.4 质子磁力仪

(2)电探测法

电探测法分为直流电探测法和交流电探测法两种。

①直流电探测法:直流电探测法是利用两个电极向地下供直流电,电流从正极流出传入地下再返回到负极,从而在地下形成一个电流密度分布空间,也就是形成一个电场。当电场内存在金属管道时,由于金属管道是电的良导体,因此其对电流有"吸引"作用,造成电流密度的分布产生异常;若电场内存在非金属管道(如水泥、塑料管道),由于非金属管道导电性能极差,因此对电流有"排斥"作用,同样造成电流密度的分布产生异常。通过在地面布置的两个电极即可观测到这种异常,由此判断是否存在金属或非金属管线并确定其位置。

直流电探测法是以金属管线或非金属管线与其周围环境土壤存在导电性差异为前提条件的。常用的直流电探测法有:联合剖面法、对称四极剖面法、中间梯度剖面法、赤道偶极剖面法等。

②交流电探测法:交流电探测法是利用交变电磁场对导电性、导磁性或介电性的物体具有感应作用或辐射作用,从而产生二次电磁场,通过观测来发现被感应的物体或被辐射的物体。交流电探测法主要有电磁法和电磁波法两种。

a.电磁法:应用电磁法探测地下管线,是以地下管线与周围介质的导电性及导磁性差异为主要物性基础,根据电磁感应原理观测和研究电磁场空间与实践分布规律,以达到探查地下管线的目的。其前提必须满足以下两个条件:一是地下管线与周边介质之间有明显的电性差异,二是管线长度要远大于管线埋深。图2.5为电磁法工作原理示意。

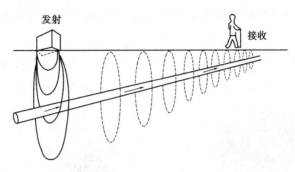

图2.5　电磁法工作原理示意图

常用的方法有两种:一是主动源法,即利用人工方法把电磁信号施加于地下金属管线之上,包括直接充电法、电偶极感应法、磁偶极感应法、夹钳法及示踪法等;二是被动源法,即直接利用金属管线本身所带有的电磁场进行探测,有工频法和甚低频法。常用仪器、设备如图2.6所示。

(a)金属管线及电缆定位器　　　**(b)数字地下管线探测仪**

图2.6　用于电磁法探测的仪器、设备

电磁法又分为频率域电磁法和时间域电磁法。频率域电磁法是利用多种频率的谐变电磁场,时间域电磁法是利用不同形式的周期性脉冲电磁场。由于这两种方法产生异常的原理均遵循电磁感应规律,故基础理论和工作方法基本相同。频率域电磁法因具有探查精度高、抗干扰能力强、应用范围广、工作方式灵活、成本低等优点而应用较为广泛。

由于燃气属易燃易爆气体,故利用电磁法对燃气管道进行探查时禁止使用直接充电法。燃气管道多为金属管,且为焊接或螺丝对接,电连接性较好,宜采用感应法、夹钳法或被动源法进行探查。而对连接处加装绝缘接头的管道,电连接性差,一般可采用多种方法综合探查。

b. 电磁波法:电磁波法(探地雷达法)的工作原理是利用高频电磁波以宽频带短脉冲形式,由地面通过发射天线被定向送入地下,经存在电性差异的地下地层或目标体界面上产生反射和绕射回波,接收天线接收到这种回波后,通过光缆将信号传输到控制台,经计算机处理后将雷达图像显示出来,最后通过对雷达波形的分析,利用公式确定地下管线的位置和埋深。电磁波在介质中传播时,其路径、电磁场强度、波形将随所通过介质的电磁特性和几何形态而变化,因此通过对接收信号的分析处理可以判断地下的结构或埋藏物等。

探地雷达(图2.7)能够很好地对金属管线、非金属管线进行快速、高效、无损的探查,实时展现地下雷达图像(图2.8),并依此分析判断地下管网情况。

图2.7 车载管线探地雷达

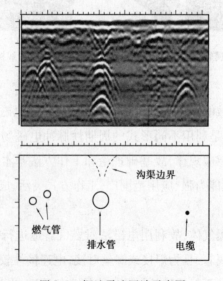

图2.8 探地雷达回波示意图

（3）弹性波法

弹性波法包括反射法、面波法及弹性波 CT 法等。反射波法分为共偏移距法和地震映像法。

共偏移距法：地下管线与周围介质存在物性差异，激发的弹性波在地下传播时遇到这种物性差异界面时会发生反射，仪器接收并记录下反射波，再根据发射信号的同相轴的连续性及频率的变化来判断管线的空间位置。

地震映像法：弹性波在地下介质传播过程中，遇地下管线后产生反射、折射和绕射波，使弹性波的相位、振幅及频率等发生变化，在反射波时间剖面上出现畸变，从而确定地下管线的存在。

2.4.2　地下燃气管线定位

由于城市建设的飞速发展，地面建筑和道路易发生变化，使地下管线权属单位运行人员对地下管线的实地定位产生一定影响。曾经采用的通过栓点、栓距或参考地形等方式直接完成地下管线定位的方法难以实现（除非采用专业的测量工具和人员，才能按照管线工程竣工档案中的测量成果对地下管线进行定位，而这对于管网运行人员来说具有很大难度）。因此，提供快速、简单的地下管线定位方法十分必要，从而为地下管线的运行管理、巡检维护和应急抢修提供保障。

当前，地下管线定位主要存在两种方式：电子标志器和管线地面标志。

1）电子标志器

电子标志器（图 2.9）分为普通电子标志器（Pas-sive Marker）和电子信息标志器（ID Marker）。前者用于标记管线的路由，后者用于标记地下设施（如预留接口等）和一些具有特殊意义的点（如拐点、管线交越等）。两者最主要的差别在于电子信息标志器中植入了一颗芯片存有唯一的 10 位 ID 编码，同时还可以存储如管径、压力、拐点等特定信息，而普通电子标志器没有。

球型电子标志器　　　　钉型电子标志器　　　　盾型电子标志器　　　　碟型电子标志器

图 2.9　电子标志器

与电子标志器配合使用的是标志器定位仪,主要用于查找电子标志器并对其储存信息进行读写。电子标志器可探测已埋设电子标志器的所有管线。

当利用标志器定位仪对地下电子标志器进行探测时,定位仪先向地下发出一定频率的电磁波信号,当靠近标志时,电子标志器会反射定位仪发出的信号,从而被定位发现和接收,并通过声音和读数告知操作者地下设施的全部信息。其工作原理为(图2.10):探测仪间断方式发送一定频率的信号;相同谐振频率的地下标志器吸收并存储信号能量;探测仪短时间发送信号后,停止发送并进入信号接收模式;当探测仪停止发送信号,标志器将储存的能量释放并反射回探测仪(所以标志器的工作并不需要电池);探测仪检测返回的信号强度来确定标志器具体地点;当探测仪与标志器最接近时(也就是在标志器的正上方),信号最强。

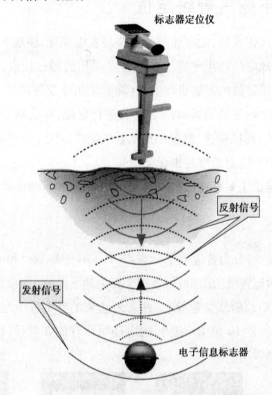

图2.10 工作原理图

通过预埋可读写电子标志器记录管线的基础信息(如位置、埋深、管径、管材、用途、关键点、输送介质种类、压力、流向、敷设日期、施工单位、维护记录等信息),可以通过探测仪器准确获得这些关键信息,提高管线维护的效率和准确性。建立管线电子标志器数据库,分析和汇总管线数据,可以辅助维护人员编制维护计划,为管网的安全运行提供保障。

2) 管线地面标志

管线地面标志是设置在路表面用于表明地下管道位置的标志。管线地面标志还包括地上标志,即设置在地上、高出地面,用于表明埋地管道属性的设施,包括里程桩、转角桩、交叉桩。

管线地面标志是实现地下管线地面可视化的方法,可为管线运行维护人员提供直观的地下管线的地面标记,方便判定管线线位和管线走向。管线地面标志根据地面环境情况,可以是标志贴、标志砖、标志钉或标志桩的形式,如图2.11、图2.12所示。

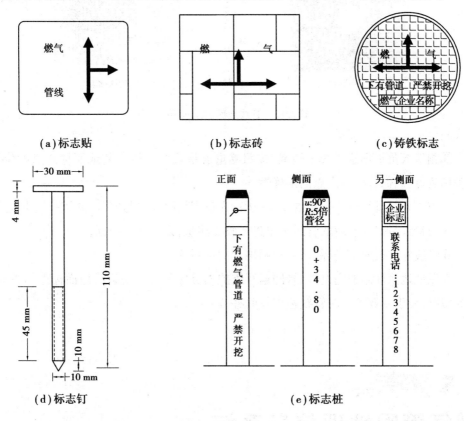

图 2.11　管线地面标志

为确保安装管线地面或地上标志的准确性,安装标志时需按照以下几个基本步骤进行:

①确定安装管线地面标志的管线位置,管线地面标志可以是管线的拐点、三通点、跨越点、钢塑转换点、直线加密点等;

②管网运行人员对安装管线标志的地面环境进行调查,确定采用何种形式地面标志形式(如沥青或砖石路面可采用标志贴或标志钉的形式,绿地或土地可选用标志桩的

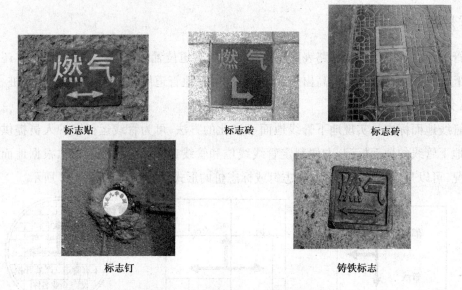

标志贴　　　　　　　标志砖　　　　　　　标志砖

标志钉　　　　　　　　　铸铁标志

图 2.12　管线地面标志实例照片

形式);

③测量人员根据管线竣工档案,按照测量成果表对管线安装地面标志点的位置进行现场放点,确保管线标志点的准确性;

④施工人员进行管线标志的安装,运行人员现场陪同参与安装,并进行逐点验收;

⑤测量人员对安装后的管线标志进行收点测量,记录标志坐标;

⑥管线标志按照其坐标,录入管网地理信息系统。

为保证地面标志的完整性,管网运行维护人员应及时反映管线地面标志的丢失、损毁等情况,便于专业人员对管线标志及时补装。

2.5

燃气管网地理信息系统

地理信息系统(GIS:Geographical Information System)是以地理空间数据库为基础,采用地理模型分析方法适时提供多种空间的和动态的地理信息,为地理研究和地理决策服务的计算机信息系统。它是集计算机科学、地理学、测量学、遥感学、环境科学、空间科学、信息科学、管理科学等学科为一体的新兴边缘学科的应用。

地理信息系统作为传统学科(地理学、地图学和测量学等)与现代科学技术(遥感技术、全球定位系统、计算机科学等)相结合的产物,正逐渐发展成为处理空间数据的多学科综合应用技术。从计算机技术的角度看,其主体是空间数据库技术;从数据收集的角度看,其主体是3S(地理信息系统 GIS、全球定位系统 GPS、遥感 RS)技术的有机结合;从应用的角度看,其主体是数据互访和空间分析决策的专门技术;从信息共享的角度看,其主体是计算机网络技术。

2.5.1 系统目标及功能

随着城市燃气用户的增多和管网规模的不断扩大,曾经以纸质方式存储的用户资料、管道资料、管线图纸等海量数据难以查询及保存。手工管理模式已无法满足"合理规划、科学管理、安全用气、优质服务"的要求,对于突发事故的应变能力和处理效率难以适应城市建设高速发展的需求。同时,由于城市建设工作的快速进行及部分原有工程图纸缺乏,造成现有图纸的准确性难以满足管线维护、现场施工、其他单位施工汇签的需要。这一切为燃气管网的设备设施管理和应急调度带来新的课题。

利用 GIS 技术建立燃气管网地理信息系统,以城市基础地理数据为背景,实现燃气管网信息的可视化管理,为提高燃气行业服务质量、管理水平,加强燃气生产调度和突发事件处置能力,保障安全供气,提供了高效率的技术支持手段。燃气管网地理信息系统可以为城市燃气规划、设计、施工、安全供气、生产调度、设备维修、管网改造及应急抢险等工作提供各专业所需的信息资料。

燃气管网地理信息系统以城市地下燃气管网为管理对象,实现对地下燃气管网信息的采集、录入、处理、存储、查询、分析、统计、显示、输出、信息更新,并提供其他专题系统应用。

1) 系统的具体目标

①建立燃气管网地理信息数据库;

②采用工业标准数据库管理系统,同时存储空间数据和属性数据,保证数据的安全性、一致性;

③实现管网数据的查询、统计、分析、辅助规划、应急处理等;

④快速输出符合标准或符合用户要求的各种地图;

⑤为燃气公司其他信息系统提供标准化的、准确的、多种比例尺的燃气管网基础地理平台;

⑥实现燃气管网地理信息的实时更新等。

2) 系统功能设计

燃气管网地理信息系统主要由数据管理子系统、管网分析子系统、用户信息管理子系统、管网设施管理子系统、安全监控管理子系统、抢修辅助决策子系统、Web 信息发布子系统和系统维护管理子系统组成。

(1)数据管理子系统

数据管理子系统主要功能如下：

- 图形数据和属性数据的录入；
- 图形编辑：针对燃气管道数据的特点开发专用工具，使用户能方便地对管网、道路、建筑等图形进行编辑修改，如管道的添加、删除、移动、拷贝，管道设备的建立、删除，管道及设备标注等；
- 图形输出：可指定任何范围内的图形文件，打印输出 1∶500、1∶1000、1∶2000 及自定义比例尺的地图；
- 图形数据和属性数据的查询统计；
- 地图定位：根据燃气设备设施的特征信息，实现图形数据的快速定位；
- 地图浏览：地图的放大、缩小、漫游、全景和鹰眼等；
- 创建专题地图。

(2)管网分析子系统

管网分析子系统主要功能如下：

- 垂距分析：分析管线相交处的埋深、净距情况；
- 剖面分析：画任意剖线，形成管线纵剖面图，了解管线在地下的埋深情况；
- 坡度分析：通过选择多条管线，形成管线纵剖面图，了解管线在地下的坡度情况；
- 投影分析：通过纵投影，了解相邻多条管线在地下的埋深对照情况；
- 连通分析：在管线上指定某处，分析与其相通的管线，并高亮显示；
- 预警分析：根据管线或其附件的服务年限，预警超过服务年限的管线或附件。

(3)用户信息管理子系统

用户信息管理子系统用于管理用户的信息，用户资料可以输入到系统中，由系统实施电子化管理。所有的用户资料可以通过系统的建模工具建立与该用户在地图位置的连接关系，可以方便地对供气范围内的用户进行管理。

系统同时提供对重点用户楼层平面图的管理，可根据楼层平面图查看燃气管线的敷设位置及相应的管线资料。

(4)管网设施管理子系统

燃气管网设施管理子系统是对管辖区域供气设备(包括管线、阀门、过滤器、调压器、储罐等)的各种信息资料,如规划资料、竣工资料、维护资料等进行综合管理。通过该系统可方便快捷地将各种资料输入计算机系统,并可根据需要进行修改,可在计算机上查询现有管网及设备的相关资料,并按需求通过绘图仪(或打印机)打印出有关图纸或记录,实现对城市燃气管网资料的动态管理。

管理内容包括:设施属性数据管理,设施巡检样板管理,设施维修记录管理,供气设备档案管理,编码、分年限检索管理,新设备登录编码,设备更换或撤除的档案变更管理,图纸档案管理,设备统计管理。

(5)安全监控管理子系统

安全监控管理子系统可实时接收并显示来自 SCADA 系统的有关供气设施设备的监控数据(如进口压力、出口压力、流量、阀门状态、过滤器压差等);可根据 SCADA 系统产生的设备故障报警,在地图上突出显示报警地点;按照用户报修的地址,在地图上显示用户位置及用户相关资料。

(6)抢修辅助决策子系统

①抢修辅助分析:通过报警电话或监控设备报警,系统自动切换到故障位置,并可显示该位置的相关资料。对于燃气管线泄漏等事故,系统将闪烁显示与事故点相关联的管线及设施,可根据事故点分析出一级、二级关阀方案,统计受影响用户。

②停气降压分析:结合区域燃气用户数据,可以判断、统计正常或抢修作业时影响用气的街区、单位、用户数据,便于及时向用户通报停气信息。

(7)Web 信息发布子系统

Web 信息发布子系统以 Web 浏览器方式为各管理部门提供查询当前各种信息的途径。一般用户不需安装和维护复杂的系统软件,只需安装通用的 Web 浏览器,即可实现图形、资料信息的高效率共享。

图形操作功能:提供各种基础的图形操作功能,如鹰眼、漫游、移动、缩小、放大等功能,并支持动态路名显示。

信息查询功能:可方便进行图形浏览查询,包括地理图和各种专题图等,并可查询设备的资料信息及维护信息,同时可实现图形、属性互查功能。

(8)系统维护管理子系统

用户及用户组管理:根据工作内容的不同,建立不同的工作组,如管理员组、数据录入组、数据应用组等。

用户权限管理:不同部门、人员将具有不同的系统操作权限。通过访问权限的设定和菜单项的过滤验证保证数据的安全。

（9）与其他专业系统接口管理

为避免信息孤岛，实现与其他专业系统的数据共享，燃气管网地理信息系统应建立与其他专业系统的功能接口和数据接口，完成系统之间的功能支持和数据支持。需要与之建立数据共享的系统有：

仿真系统：燃气管网地理信息系统依据其不断更新的管网数据，可随时向仿真系统导出能够反映管网现势性的管网模型数据。

SCADA 系统：实现从 SCADA 系统中监控站点到燃气管网地理信息系统的地理定位，可直观显示其周边相关联的管网情况，在系统中显示 SCADA 系统的监控数据等。

用户系统：按照用户编码可建立用户系统与燃气管网地理信息系统之间的链接关系，达到系统之间的数据与功能调用。

设备系统：建立统一设备编码，集成设备台账系统与燃气管网地理信息系统的数据管理，可动态了解设备状态、运行情况、检修记录等内容。

燃气管网地理信息系统不是一个孤立的系统，也不是一无所不包的系统，它应该是其他专业系统的基础或背景，为其他专业系统提供燃气管网可视化和地理位置标准化的工具。

2.5.2　系统应用实例

下面以国内某大型燃气企业的燃气管网地理信息系统为例，按照系统功能予以基础介绍。

该系统在物理上分成 5 个相对独立的子系统，即数据录入子系统、局域网/单机数据查询子系统、Web 数据查询子系统、数据维护子系统和数据通信子系统。

（1）数据录入子系统

数据录入子系统主要完成系统的图形数据（图 2.13）、属性数据（图 2.14）等新增数据的录入及对已有数据的维护。

数据录入子系统采用 C/S 体系结构；可满足多个客户端同时录入地形图、管网图、属性图和图元属性的要求；通过对录入操作的定义，可保证录入数据的唯一性和准确性；录入子系统具有友好的界面，操作人员易于学习并在短时间内掌握基本操作；可以实现多种数据录入或导入/导出方式（如测量数据、光栅数据、设计图纸等）；系统能够自动维护管线和设备之间的拓扑关系。

数据录入子系统具有：文件管理、栅格图管理、视图控制、绘图与修改、参数设置、符号管理、工期管理、建立其他图形［调压站三维效果图（图 2.15）、管线纵断面图（图2.16）、调压站和闸井平面图］等功能。

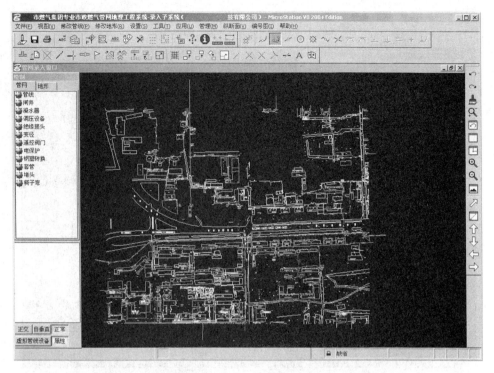

图 2.13　图形数据录入

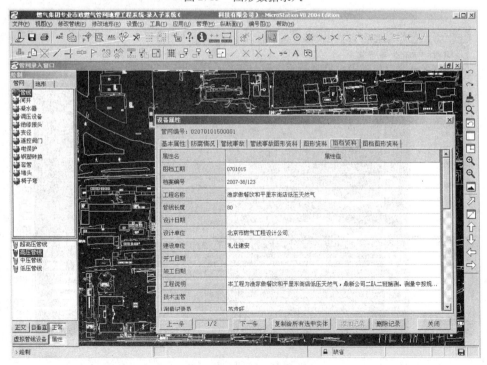

图 2.14　属性数据录入

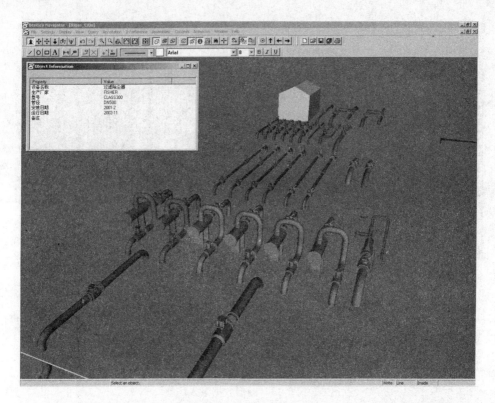

图 2.15　调压站三维效果图

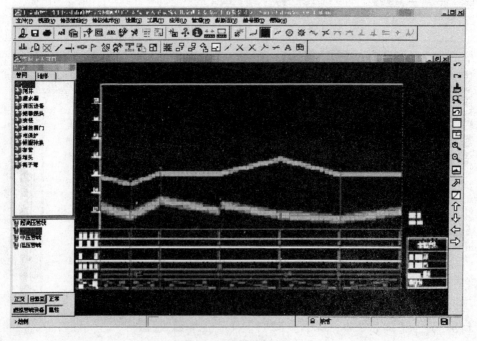

图 2.16　管线纵断面图

2）局域网/单机数据查询子系统

局域网/单机数据查询子系统实现局域网内用户对存储在数据服务器上地理数据的查询、统计和分析操作，其界面如图2.17所示。单机用户对存储在本机内地理数据的查询、统计和分析操作，能实现查询系统的全部功能。本系统也针对查询系统的高级用户和经常使用查询系统、对查询系统有特殊要求的用户。

查询子系统实现全部的查询系统功能，能够进行快速定位、多种数据信息查询、拓扑分析、灵活定义统计报表、数据输出和强大的打印等功能，同时系统设计考虑了系统的安全性要求及响应速度。

查询子系统采用多种定位方式，用户可以根据需要选择最快捷的定位方式到达指定的地理位置，如可以按照调压站（箱）名称、外管线阀门编码、地理名称、单位名称等要素进行快速定位（图2.18）。

拓扑分析是地理信息系统的一个重要组成部分，系统可进行事故分析、事故范围分析、事故预案整理及流向分析等多种分析功能（图2.19）。

该系统的统计功能使得用户既可自定义统计方式，也可按预定义的标准方式进行统计；可以实现按时间统计、按区域统计、按设备统计三种统计模式，统计模式之间可组合使用（图2.20）。

查询子系统满足打印各类专题图和数据表的要求，包括打印设置功能、打印预览功能、打印等（图2.21）。

（3）Web查询子系统

Web查询子系统通过浏览器工具，完全采用Web方式查询用户关心的地理信息数据，能实现管网数据的一般查询、定位和统计、分析功能，适用于不经常使用查询系统和只需要查询系统的显示数据及一般分析功能的普通用户。

Web查询子系统客户端除浏览器外不需要安装额外的插件，降低了系统投资，系统的可扩充性和易操作性使系统维护更加方便，更易于使用，其系统界面如图2.22所示。

（4）数据维护子系统

系统数据的实时性、准确性是系统长期良好运行的根本保障。根据系统数据地理位置及空间数据格式不同，数据维护子系统由三部分内容组成：录入子系统数据备份与恢复、单机查询子系统数据备份与恢复、数据服务器数据备份与恢复。

（5）数据通信子系统

数据通信子系统通过系统之间的数据交换保证系统的正确性和一致性。按照系统的体系结构，整个系统在空间上的划分确保各局域网之间的定期数据交换，实现不同地点的数据服务器数据同步，包括地形图、管网图、属性图和属性数据，也包括部分系统配置参数。

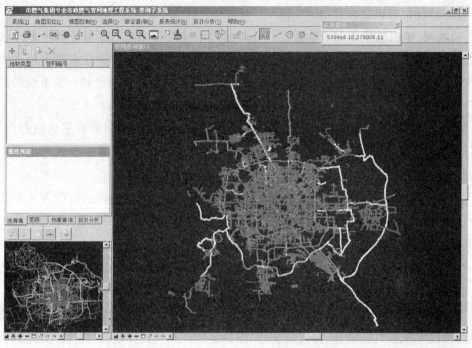

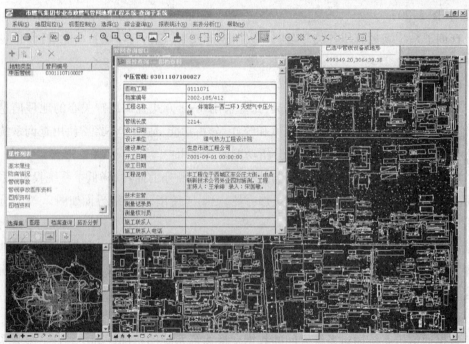

图 2.17　局域网/单机查询子系统界面

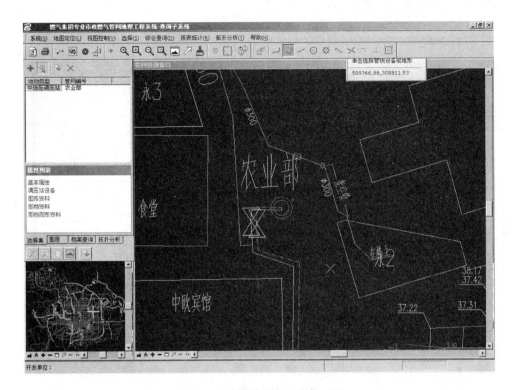

图 2.18 查询子系统的定位功能

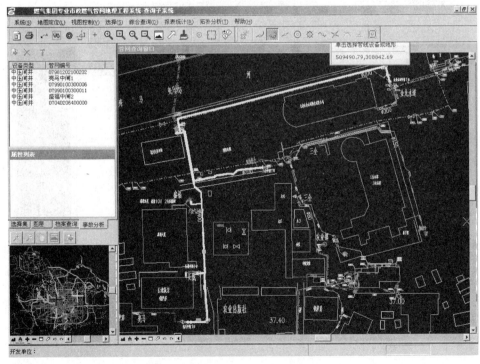

图 2.19 查询子系统的拓扑分析功能

燃气集团专业市政燃气管网地理工程系统-查询子系统

统计结果

材质	管径(mm)	天然气 超高压 已通气	未通气	高压 已通气	未通气	中压 已通气	未通气	低压 已通气	未通气	煤气 高压 已通气	未通气	中压 已通气	未通气	低压 已通气	未通气	合计
0	0					.040		.012								.052
	50							.027								.027
	100					.018		.007								.025
	150							.001								.001
	160							.028								.028
	200							.000								
	400					.002										.002
不详	0							.004								.004
	50							.621								.621
	80							.476								.476
	90							1.178								1.178
	125					.035										.035
	150							.061								.061
	160							.001								.001
	200					.067		.438								.505
	400					.024										.024
材质不清	200							.007								.007
材质不详	32							.319								.319
钢管	0	2.367		17.840		122.628		683.889								826.724
	10							.036								.036
	15							.289								.289
	20					.060		2.273								2.353
	25			.021		.183		2.398								2.602
	30					.013		4.589								4.602
	32					.167		4.061								4.228
	35							.006								.006
	37							.017								.017
	38							3.631								3.631
	40					.756		4.649								5.405
	42							.695								.695

打印　　　　关闭

开发单位：

图 2.20　查询子系统的统计功能

图 2.21　查询子系统的绘图功能

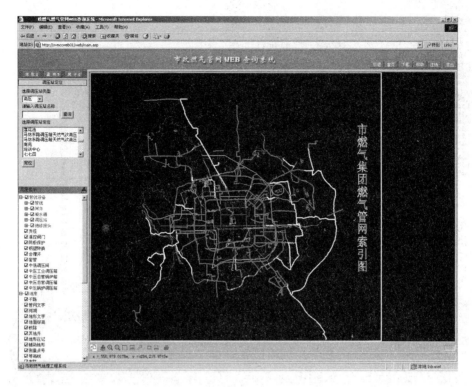

图 2.22　Web 查询子系统界面

对于单机查询子系统的数据更新可以采取数据抽取/更新方式,远程客户机主动拨号连通某一局域网的数据服务器,下载最近发生变化的地形、管网和属性数据,以确保远程客户机与数据服务器数据的一致性。

由于要进行大量的远程数据传输,因此数据通信子系统要具有数据校验功能和断点续传能力,在出现不可恢复的通信错误时,系统具有自动恢复的功能。

(6)系统与其他专业系统的接口

仿真数据输出:仿真数据输出功能实现地理信息系统与仿真系统的数据接口,通过仿真数据输出设置,可以输出满足仿真数据要求的地理信息系统数据及其参数,输出的仿真数据按照约定的数据格式存储。仿真数据输出时,通过选择区域,查找符合要求的管线和设备,并从数据库中查找相应的需要提取的属性值,一起输出到仿真数据文件,供仿真系统建立管网模型使用,如图 2.23 所示。

与 SCADA 系统功能调用:通过在 SCADA 系统中建立相关监控站点的地理定位命令,实现燃气管网地理信息系统与 SCADA 系统之间的相互调用,如图 2.24 所示。

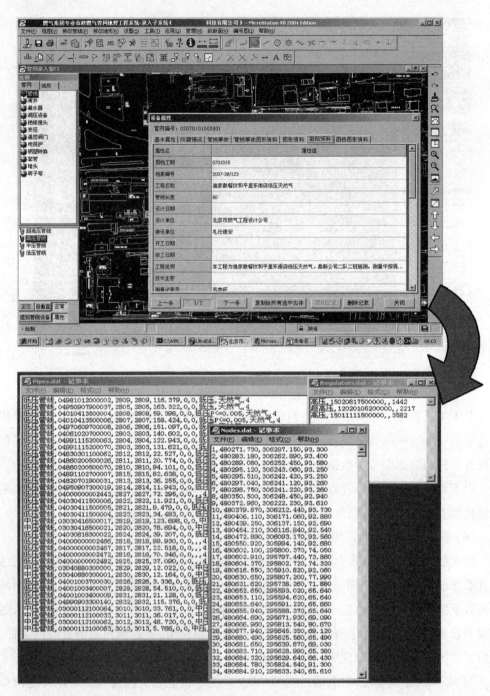

图 2.23　仿真数据输出功能

（7）管网安全评估系统

GIS 系统按照管网安全评估系统的要求，提供最新图形数据及属性数据，作为管网安全评估工作的基础数据。

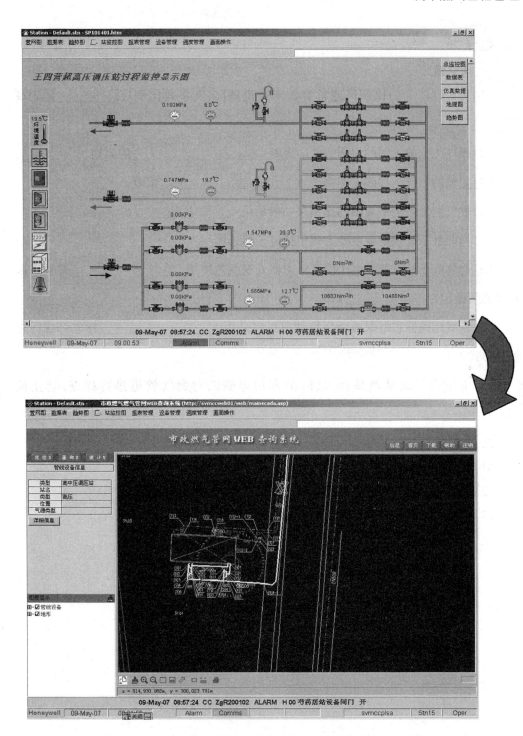

图 2.24　从监控系统直接进入 GIS 系统进行站点地理定位

习 题

一、填空题

(1)传统地图上的比例尺通常有数字式比例尺、文字式比例尺、_____等表现形式。

(2)燃气工程施工图的识图方法应遵循_____的原则。

(3)完整的燃气工程施工图由_____组成。

(4)燃气测量竣工平面图的比例尺一般采用_____。

(5)当前地下管线定位主要方式包括电子标志器_____。

(6)燃气电子标志器和电子信息标志器外观颜色使用_____,并且谐振频率必须设定为_____ kHz。

(7)管线地面标志根据地面环境情况可以采用_____、_____、标志钉或标志桩等形式。

(8)由于燃气属易燃易爆气体,故利用电磁法对燃气管道进行探查,禁止使用_____。

二、简答题

(1)简述燃气测量竣工图通常包含的内容。

(2)简述地下燃气管线探测的基本方法及其应用范围。

(3)简述采用电子信息标志器定位地下燃气管线的过程。

3 管道的运行与维护

核心知识

- 工程质量控制
- 燃气管道清洗与吹扫
- 管道投产置换
- 管网运行
- 管网维护
- 防腐层检测

学习目标

- 熟悉燃气工程质量控制要点
- 掌握燃气管道清洗与吹扫的一般要求
- 掌握常见燃气管网置换的方法及应用范围
- 了解管网运行分级原则及运行周期
- 熟悉地下管道的巡查内容
- 熟悉燃气管线与设施的涂色导则
- 熟悉防腐层检测周期的标准规定

3.1

管道投运前的要求

3.1.1 工程进度控制

①根据总进度计划及合同要求,结合燃气工程的具体情况,要求相关总、分包单位提交切实可行的燃气工程施工进度计划,对其进度计划进行审查,提出修改意见,直至认可。

②要求施工单位对最终认可的燃气工程进度计划进行细化,提交月度、每周的具体计划安排。

③认真审查施工图纸,尽量提前发现设计问题,避免由于设计错误而停工、返工。

④督促施工单位做好施工准备工作,落实劳动力、机具设备、原材料,避免由于劳动力、机具设备或原材料不足而影响工程进度。

⑤对室外管道,督促设计单位做好室外管道综合布置,使各专业管道合理有序地安装施工,避免燃气管与其他专业管道相碰而造成本专业或其他专业管道返工修改。

⑥根据土建施工进度,科学、合理地安排本专业与土建、水、电等专业的交叉作业,不影响装修工程的施工进度。

⑦对工程进度进行跟踪检查,掌握实际施工进度,分析、找出影响或可能影响工程进度的各种因素,督促各方采取措施,消除影响因素,保证工程按进度计划顺利实施。

⑧及时召开进度协调会,解决本专业与土建、水、电等专业之间的进度矛盾,提出进度调整措施和方案,确保整个工程进度计划的实施。

⑨利用合同中规定的工程进度款审核权、进度奖罚条款等各种措施,督促施工单位按计划完成任务。

3.1.2 工程投资控制

①认真审查图纸,预先提出问题,将设计问题在施工前解决,避免或尽量减少额外增加的工程费用;对施工中发现的问题,及时与设计部门协商,尽快处理,把增加工程量减少到最低。

②审查施工单位的施工方案,提出修改意见,促使施工单位的施工方案经济合理,

降低工程造价。

③对承包商申报的工程量进行认真审核,防止施工单位多报或提前虚报工程量。

④严格控制现场工程签证,未经甲方认可的设计变更或其他工程费用不得签证。

⑤熟悉合同条款,平时注意收集工程各方面的资料。对施工单位提出的索赔,能够收集足够的资料予以反驳,或进行反索赔。

3.1.3 工程质量控制

1)施工准备阶段

①审查施工单位编制的施工方案,审查其科学性、合理性和可行性,提出修改意见,以保证本工程施工质量。

②审查施工单位的质量保证体系及安全技术措施,审查其专业质检员、安全员的资质,提出改进意见。

③审核本项目本专业监理人员的资质、数量是否符合合同要求。

④熟悉施工图纸,审查本专业图纸是否符合设计规范,施工图纸是否满足施工要求,尽量提前发现设计问题,协助做好优化及改善设计工作,避免由于设计不当而影响工程质量。

⑤与监理、设计、施工单位一道做好图纸会审工作。

⑥审查特种作业人员(如焊工)的资质、操作证。

2)施工阶段

①与监理一道做好材料和设备的进场检查工作。进场的材料和设备必须满足规范和设计要求,要有出厂合格证、检验报告等质量证明文件,并与报送样品相符;需抽样检验的材料须由监理见证抽样送检,合格后方可安装使用;对于经检验不合格的材料,须由监理见证退场。

②检查施工单位的质量保证体系运作情况,促使其正常运作,发挥作用,控制好施工质量。

③督促施工单位严格执行工序交接制度,按照施工验收规范抓好每道工序的施工质量,做好每道工序的验收工作,上道工序合格后才能进行下道工序的施工,严格保证每个分项工程质量进而保证分部工程质量。

④各隐蔽工程完成后,施工单位均应通知甲方、监理检查验收,经检查验收合格后方可隐蔽,施工下一道工序。

⑤在施工过程中对施工工艺、施工质量进行控制,把握本专业质量控制要点,进行重点控制。

⑥定期或不定期检查制作与安装工程,发现问题及时要求施工单位纠正,将质量缺陷消除在萌芽中。

⑦督促施工单位加强对成品、半成品的保护。

⑧定期或不定期组织质量协调会,动态控制工程质量。

⑨审查施工单位编制的管道试压、吹扫方案,提出修改意见,直至认可。

⑩对试压、吹扫要进行旁站,试压合格后,方可进行管道的隐蔽、防腐处理。

⑪利用工程进度款审核权,督促施工单位保质保量完成施工任务。

⑫检查施工安全防护措施,保证施工安全。

⑬督促施工、监理单位及时、准确地填写施工资料,避免事后杜撰不真实的工程资料。

3) 质量控制要点

(1)庭院管道

①管道材料的规格、质量必须符合设计、规范要求,有损伤、划痕的管道不得使用,或者截除损伤、划痕部分后使用。

②管沟走向、标高、沟槽基底处理应符合设计、规范要求。

③管道的连接方式、施工工艺应符合设计或材料厂家要求。

④埋地管应按设计、规范要求做好保护层。

⑤埋地管与建/构筑物、基础、园林绿化设施、树木等的距离应符合设计、规范要求,不符合要求的地方应修改管道走向,或修改园林绿化设施、树木的平面布置,必要时应加套管。

⑥管道试压合格后,方可进行隐蔽。

⑦应按管道的实际走向埋设好标志桩。

(2)上升、下降管

①管材的规格、质量必须符合设计、规范要求。

②管道焊接前必须按规定打磨坡口。

③管道焊接时,应采取适当的防护措施,以免污染其他专业的成品、半成品(如外墙砖等)。管码孔内应先灌注耐候密封胶等填充材料,再装管码,以保持外墙防水层的完整性。

④水平管坡度应符合设计、规范要求,天面最高处应装放散阀。

⑤阀门应按规范要求试压合格后方可安装,阀门的安装位置、高度、进出口方向必须符合设计要求,且便于操作,并应加表箱保护。

⑥天面管道沿女儿墙安装的高度应不便于踩踏攀爬以免影响女儿墙的有效安全高度。

⑦管道支架的形式、位置、标高、间距必须符合设计要求和施工规范规定。

⑧管道试压合格后,方可进行防腐。

⑨涂刷底漆前管道表面的灰尘、铁锈、焊渣、油污等必须清除干净。

(3)进户低压管

①管材的规格、质量必须符合设计、规范要求。

②管道丝接必须严密。

③阀门应按规范要求试压合格后方可安装,阀门安装的位置、高度、进出口方向应符合设计要求,且便于操作。

④管道支架的形式、位置、标高、间距必须符合设计要求和施工规范规定。

⑤管道试压合格后,方可进行防腐。

⑥涂刷底漆前管道表面的灰尘、铁锈、焊渣、油污等必须清除干净。

⑦燃气管与电气插座、燃气热水器预留位置的距离应符合设计、规范要求,不符合要求的地方应修改管道或电气插座、燃气热水器预留位置;主体结构施工时即应组织燃气、电气等各相关专业人员现场确定电气插座、燃气热水器预留位置,并画出生活阳台墙上各专业管道综合布置的立面大样图,做出样板,经甲方、设计、监理检查认可后,各专业按样板施工。

⑧厨房内管道留头位置距正常炉具位置的距离应小于 2 m。

⑨穿外墙洞在无法保证预留准确的情况下应采用现场钻孔方式,钻孔应当用专用水钻钻孔机,禁止用錾子凿洞。洞口与套管间的间隙应由土建专业填塞密实。

4)管道试压吹扫

①所有管道安装完后,都应按要求进行压力试验和严密性试验,庭院管道应在试压合格后方可隐蔽。

②管道试压合格后,应按要求进行吹扫。吹扫前,燃气流量表等应拆除,吹扫完后再装回。

③试压、吹扫应分段分系统进行。

④试验压力和吹扫气流流量、流速等应符合设计和规范要求。

⑤管道试压合格后,方可进行防腐处理。

3.1.4 安全文明施工

①审查施工单位编制的施工方案,审核其安全技术措施能否保证施工安全,提出改进意见。

②审核施工单位安全员的资质。

③检查燃气工程施工中采用的安全防护措施,如高空作业时系挂安全带等,保证施工安全。

④管道焊接时,要注意防火安全、用电安全,防止烫伤、眼睛灼伤。

⑤管道制作场地应干净整洁,设备机具、原材料、成品、半成品分类摆放整齐。

⑥挖庭院管道沟槽时,应注意不要破坏其他专业已安装的管道和其他已完室外工程。

⑦督促施工单位加强对成品、半成品的保护,同时,施工时也要保护好其他专业的成品、半成品。

⑧在施工的各阶段、各区域都做到"工完、料净、场地清"。

3.2
燃气管道清洗与吹扫方法

3.2.1 燃气管道吹扫的方式

燃气管道吹扫一般有气体吹扫和清管球清扫两种。聚乙烯管道和公称直径小于100 mm 或长度小于100 m 的钢质管道,可采用气体吹扫。公称直径大于100 mm 的钢质管道宜采用清管球吹扫。

1)气体吹扫的一般要求

①吹扫介质在管内实际流速不宜小于 20 m/s。

②吹扫时的最高压力不得大于管道的设计压力。

③吹扫口应设在开阔地带并加固,吹扫时应设安全区域,吹扫口附近严禁站人;吹扫口与地面的夹角应在 30°~50°,吹扫口管段与被吹扫管道必须采取平缓过渡对焊,吹扫口直径应符合表 3.1 的要求。

表 3.1 吹扫口直径 单位:mm

末端管道公称直径	$DN < 150$	$150 \leqslant DN \leqslant 300$	$DN \geqslant 350$
吹扫口公称直径	与管道同径	150	250

④每次吹扫管道的长度不宜超过 500 m;当管道长度超过 500 m 时,宜分段进行吹扫。

⑤吹扫顺序应从大管到小管,从主管到支管。

⑥吹扫管段内的调压器、阀门、流量计、过滤器、燃气表等设备不得参与吹扫,待吹扫合格后再恢复安装。

⑦当目测排气无烟尘时,应在排气口设置白布或白漆木靶板检验,5 分钟内靶上无铁锈、尘土等其他杂物为合格。

2) 清管球清扫的一般要求

①管线长度超过 500 m 时宜分别进行清扫。长度较长和管径较大的管道在通球时,管道沿线的一些部位,如急转弯、坡度立管等处,应设监听点,注意观察通球情况。

②放球时应注意检查清管球的密封状态,是否进入清扫管段,并处于卡紧密封状态。

③收球装置的排气管安装必须牢固,并接往开阔地带排放。

④必须做好通球的有关记录,作为工程的原始资料。

⑤通球管道直径必须同一规格,不能有变径。

⑥管道弯头必须光滑,不能使用焊接弯头。

⑦阀门及管道附属设备应在清管通球后安装。

⑧清管通球清扫次数至少为两次,清扫完后目测排气无烟尘时,用白布或白漆木靶检验,5 分钟内靶上无铁锈、尘土等其他杂物为合格。

3.2.2 管道清管通球方法

管道安装结束后对全部管道进行清管通球。

管道通球应以正三通为界或根据实际情况进行分段通球。在需通球的管段的两端各焊接一个大小头作为发球筒和收球筒,大小头的小头与管道平滑对接,大头焊接钢法兰。在发球筒端放入清扫球(清扫球直径为钢管直径的 1.05 倍),安装法兰盖,法兰盖上应安装充气口、放气口、压力表。在收球筒端法兰盖上应安装放散口、压力表、排污口。压力表应在校验有效期内方可使用,压力表的精度不低于 1.5 级,量程为最大工作压力的 1.5~2 倍。

准备就绪后,在发球筒端采用大功率空压机通过进气口向管内泵气,泵气压力最高不得超过管道设计压力,利用空气压力将球向前推进。球在行进过程中要不断放空并随时注意压力表变化,以确定清扫球是否正常推进。清扫球在向前推进的过程中将管内杂物及存水排出。直至将清扫球推至终点(收球筒内),然后关闭空压机。排放管内空气,确定管内已无压力后,打开法兰盖取出清扫球,通球工作结束。

收发球装置分为发射球装置和接球装置两部分(图 3.1)。发射球装置的设计应考虑安装清管器的方便,制作成喇叭口形;接收球装置的设计则要考虑有足够的空气排放能力。并且当清管器到达终点,顶端排气口被封堵时,接收球装置应能继续通畅排气,因此,在接球装置上必须具有两个以上的排气口,且排气口的间距应大于清管器的长度。

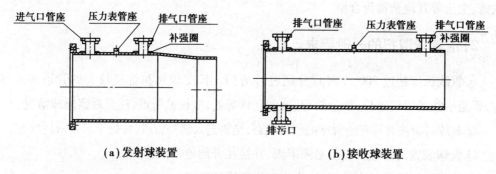

(a)发射球装置   (b)接收球装置

图 3.1 收发球装置

虽然清管器的运行压力并不高,但如果遇到卡球,可能会使清管器的背压接近设计压力,故清管装置的承压能力不得低于管道的设计压力。

3.3

管道投运

3.3.1 燃气工程竣工验收

1)燃气工程竣工验收应具备的基本条件

根据《城镇燃气设计规范》的规定,燃气工程竣工验收应具备以下条件:

①完成燃气工程设计和合同约定的各项内容；

②有完整的技术档案和施工管理资料；

③工程使用的主要材料和设备的检验报告及质量证明文件齐全；

④有建设、设计、监理的单位分别签署的质量合格文件；

⑤剩余的主要材料、设备、配件办理了退库并已签证；

⑥有项目经理组织会同建设单位、监理单位、施工单位进行竣工预验收，并合格。

2) 燃气工程主要质保资料

①燃气工程施工开工报告；

②图纸会审、技术交底文件记录；

③设计文件及设计变更文件；

④设备、主要材料的合格证和阀门的试验记录；

⑤管道和设备的安装工序质量检查记录；

⑥焊接外观检查记录和无损探伤检查记录；

⑦隐蔽工程验收记录；

⑧绝缘防腐措施检查记录；

⑨压力试验记录；

⑩各种测量记录；

⑪质量事故处理记录；

⑫工程竣工验收评定记录。

3) 燃气工程竣工验收组织形式和基本程序

当施工单位工程施工结束，向建设单位申请竣工验收，应当有项目经理组织设计、施工、监理、监督、输配等有关单位进行竣工验收，验收组织程序有：

①项目经理组织验收会议；

②施工单位介绍施工情况；

③监理单位介绍监理情况；

④验收人员核查质保资料，并到现场检查。

4) 燃气工程竣工验收现场主要检查的内容

①检查埋地燃气管道的地面标志桩(牌)埋设是否正确、牢固、醒目，是否与竣工图一致。

②检查埋地阀门的安装是否符合设计要求,开启是否灵活,开启状态是否清楚。

③检查埋地管道与树木、路灯及其他管线、井、构筑物的间距是否满足设计及规范要求。

④检查地上燃气管道及设备的安装是否符合设计要求及规范要求;焊接、防腐、避雷接地的施工是否符合规范要求;燃气管道上的阀门、补偿器的安装是否符合设计及规范要求。

⑤检查用户户内燃气管道及设备的安装是否符合设计及规范要求;螺纹连接、防腐、穿墙(楼板)的施工以及与其他管线的间距是否符合规范要求。

⑥检查燃气监控系统等辅助设施是否配套完善。

3.3.2 各压力级制管道置换通气要求

天然气管道投产置换,是天然气管道施工后投入运行的一个关键步骤,通过这一过程排出管道中的空气,引入天然气,同时检验管道的整体质量。其安全控制非常重要,因为天然气置换是一项危险性的工作,若置换方案选择不当或操作失误,均可能发生恶性事故,造成惨重损失。根据行业标准 CJJ 51—2006.13.3,城市燃气管网的置换一般有惰性气体置换及燃气直接置换两种方法。

1)惰性气体置换法

此置换法适用于 0.75 MPa 以上压力级制燃气管道。

用惰性气体(氮气)先置换管道里的空气,再用天然气置换管道里的惰性气体。即把惰性气体作为置换中间介质,这里所说的"惰性气体"是指既不可燃又不可助燃的无毒气体,如氮气(N_2 或液氮)、二氧化碳(CO_2)、烟气等。

具体操作过程是:先将惰性气体充满管网,加压到一定程度置换出空气,直至管网惰性气体的浓度达到预定的置换标准为止;然后再以燃气充满管网,同样加压到一定程度置换出惰性气体,从而完成置换程序。此法操作复杂、烦琐。反复进行两次换气,不仅耗用大量惰性气体还耗用大量的燃气,发生费用较高,且换气时间长,工作量大。但是它可以确保可燃气体不会与管网中的空气接触,不会形成具有爆炸性的混合气体。因此,此法可靠性好,安全系数高,是燃气行业以前普遍采用的传统的置换方法。

2)燃气直接置换法

此置换法适用于 0.02 MPa 以下压力级制燃气管道。

燃气直接置换法也称"气推气"置换法。此方法是直接将燃气缓慢地进入管网替换出空气,从而达到置换目的。

打开天然气总阀开始送气时,可通过可燃气体报警器检测放散处可燃气体浓度,以确定是否达到预定的置换标准。燃气达到一定浓度时,报警器即报警,关闭放散阀,置换宣告结束。

此方法的特点是比较简便和经济,但是具有一定的危险性。因为在置换过程中,管道里必然要产生燃气与空气的混合气体,并且要经历爆炸极限范围。对于纯天然气来讲,它的爆炸极限为5%～15%,再考虑到其混合的不均匀性,天然气含量45%以下的管道均应视为危险区,遇火源,就要发生爆炸。为此必须严格控制火种和可燃气体的流速,并采取各种安全措施,确保无火种,才能安全地渡过置换过程中的"危险期"。

3)燃气管道置换通气要求

燃气置换过程中的安全操作是控制环节中的关键,是安全的保障。

①对参加投产的操作人员要进行详细的技术交底,做到岗位明确、职责清楚,参加投产的职工要熟悉各项安全生产制度、岗位安全操作规程、懂得常见事故处理方法。

②置换作业现场周围要设置警戒区,有"禁止烟火"标志,有防火措施。对污染区周边安全环境进行确认,警戒区内严格控制一切火种,对周围人员加大宣传力度,使其远离污染区,各置换点设立安全监护员负责作业现场的安全监控。

③置换作业是危险的,操作现场只允许现场指挥发布操作命令,必须一切听指挥。在安装、拆除放散管时,应使用防爆工具或采取防爆措施(如在工具上涂抹黄油等),放散管高度须大于2 m。

④燃气置换过程中操作要平稳,升压要缓慢,一般应控制燃气的进气流速(或清管球的运行速度)不超过5 m/s。站内管道置换时,置换压力应控制在5000 Pa左右。

⑤放散时:a.0.2 MPa以下用取样袋取样前首先应对取样袋进行置换,即将第一次用取样袋取出的燃气排出,对再次取样的燃气进行试烧,试烧应远离污染区或站在上风口位置,并对周围环境进行安全确认后试烧。通过观察火焰可以判定取样是否合格:当外焰为蓝色、内焰为黄色时说明管内空气未被置换干净;当火焰长而黄时,即呈扩散式燃烧,则说明管内空气已基本置换干净,达到合格标准。此后每间隔5 min取样试烧1次,取样前掐住取样细管处熄灭火焰,排出余气,并确认火焰熄灭,连续取样、试烧3次结果均符合要求,方可停止放散。b.0.75 MPa以上用燃气检测仪在放散口处进行燃气浓度检测,当燃气浓度达到100%时为符合要求,方可停止放散。

⑥燃气设施置换合格后,应对置换范围内所有操作过的设施进行全面复查及用检测仪或皂液进行泄漏检测,确认无燃气浓度,符合运行要求后,方可通气运行,避免因误

操作造成事故隐患。

⑦置换工作不宜选择在夜间和阴天进行。因阴雨天气气压较低,置换过程中放散的燃气不易扩散,故一般选在天气晴朗的上午为好。大风天气虽然能加速气体扩散,但应注意采取措施,保证下风口处人民的生命和财产安全。

3.3.3　运行规定

1)运行人员的基本要求

(1)着装要求

运行前须穿着防静电工作服和防静电工作鞋,佩戴胸牌或胸卡,如图3.2所示。

特殊情况下,作业人员应佩戴安全可靠的防毒呼吸面具,如图3.3所示。佩戴时要仔细检查其气密性,严禁在可燃气体污染的区域摘、戴防毒面具。送风式长管呼吸器要防止通气长管被挤压,呼吸口应置于新鲜空气的上风口,并有专人监护。

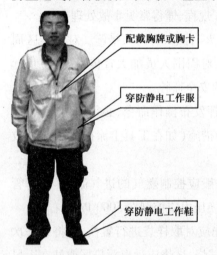

配戴胸牌或胸卡

穿防静电工作服

穿防静电工作鞋

面罩

吸气管

风量调节器

送风管

电动送风机

出气口盖

图3.2　着装要求　　　　　图3.3　特殊情况下配戴防毒呼吸面具

(2)携带物品要求(根据运行要求选择)

①防爆型可燃气体检测仪,并确认仪器完好有效;

②万用表(检测阴极桩);

③安全巡检标志牌;

④运行图纸;

⑤运行日志或记录本;

⑥《施工配合单》;

⑦《燃气违章通知书》；

⑧闸井开锁专用工具、调压站、（箱）钥匙；

⑨通信设备，确保完好有效；

⑩检查运行车辆车况，并确认完好有效。

（3）安全要求

①管线巡视可由单人独立完成，但涉及有限空间等危险点的巡视须由 2 人以上（含两人）进行，并有 1 人负责；

②严禁带外部人员进入调压站、闸井或入住值班室。

（4）基本工作要求

①运行人员应根据计划安排对所管辖区内的门站、储配站设备设施进行日常的巡视；

②严格遵守运行人员的岗位职责；

③运行人员不能对站（箱）内设备设施进行操作、维检修；

④运行过程中发现的各种隐患、违章、施工行为应及时上报至部门相关负责人；

⑤认真填写《运行日志》。

2）管线分级

管网运行按照分级原则和运行周期，编制运行计划。管线运行按照管线设计压力级制、重要程度、腐蚀程度、安全隐患等因素由高到低分为一级、二级两个等级。

（1）一级

①高压 B（含）以上管线；

②腐蚀严重的管线；

③有漏气隐患的管线；

④一年内发生两次（含）以上泄漏的管线；

⑤施工配合范围内及有施工迹象的管线；

⑥有违章及有违章迹象的管线；

⑦重点地区、重要用户的管线；

⑧防盗锁具缺损或没有上锁的闸井。

（2）二级

次高压 A 以下管线及设施。

3）运行周期

①一级管线及设施：每日巡视 1 次。

②二级管线及设施：每周巡视 3 次。

③当发生以下情况时，管线运行周期调整为每日 1 次：

- 安全隐患不能确保安全供气的其他情况；
- 在保驾期间有特别规定或要求的管线。

④特殊情况应 24 小时监护运行。

⑤发生如下情况，在可确保安全供气的情况下调整为每周巡视 3 次：

- 管线和设施安全距离内违章建（构）筑物已经拆除；
- 施工配合的工程已经结束；
- 管线、闸井等设备设施漏气已经修复，并且经过打孔检测和 5 m 距离内相邻井室检测确认没有漏气现象的；
- 无其他安全隐患；
- 保驾期结束或已明确终止保驾任务的。

⑥燃气闸井、凝水器井口浓度检测随管线巡视周期同步进行。

⑦阴极保护系统检测为每月检测一周期。

3.3.4 运行要求

管线巡视可由单人独立完成，但涉及有限空间等危险点巡视应由 2 人以上（含 2 人）进行。

1）燃气管线运行岗位要求

该岗位人员要熟悉以下情况及事项：

①管辖区域内的管线走向、位置；

②管道的管径、长度；

③管道的压力级制；

④管道材质、输送介质；

⑤管线埋深、供气范围、连通状态；

⑥设备设施状况、产权归属；

⑦管线的隐患部位以及钢塑接头、机械接（切）线点（四通）位置；

⑧阴极保护检测桩（井）位置；

⑨隐蔽工程的具体位置以及燃气自管用户的管线位置和设施；

⑩熟知内衬管段、裂管施工管段。

2) 燃气管线运行要求

燃气管线运行过程中，要定期进行以下各项检查：

①检查跨越管段结构是否稳定，构配件有无缺损，明管有无锈蚀，标志桩、里程桩有无损坏、缺失。

②检查管线安全距离内或管线附近有无开山、爆破、钻探、打桩、修筑建（构）筑物、埋设线杆或配电箱等施工现象以及种植深根植物的现象。

③检查管线安全距离内有无土壤塌陷、下沉、滑坡、开挖取土，护堤、护坡、堡坎有无垮塌，是否有堆垃圾或重物等现象。

④检查管线沿线有无燃气泄漏、河湖水面冒泡、树草枯萎等异常现象。有异常现象时，采用燃气嗅敏仪检测或地面钻孔检测，沿管线轴向或从管线两侧各 5 m 范围内其他设施的井室、地沟等地下构筑物，并对小区内的热力管沟、人防通风口进行检测。

经检测发现管线有漏气现象时，除采取一定的防范措施外，应保护现场，并及时上报。如果燃气泄漏量较大，或窜入其他地下设施中时，应立即采取紧急措施：切断气源；圈出污染区警戒线（如着火立即拨打 119 火警电话）；掀开其他地下市政设施的井盖，进行通风或强制通风，降低燃气浓度；控制现场，杜绝一切火种（包括附近建筑物内断电、熄火，车辆禁止通行）；在情况危急时，组织社会人员撤离危险区（可拨打 110 或 119，进行交通管制、居民疏散）。

⑤检查管线沿线有无其他工程施工或可能造成管道及设备设施裸露、损害、悬空等情况。检查燃气管线和设施安全距离内有无违章建（构）筑物和其他不满足安全距离要求的市政管线。

⑥对设有阴极保护装置的管线，应每月做测试检查。如在测试中发现检测电压值超出技术标准，应立即报属地管理所，由专人上报公司技术设备部门进行维修处理。

3) 闸井运行内容

（1）运行基本要求

闸井的巡视应由 2 人以上（含 2 人）进行。

（2）闸井运行岗位要求

运行人员应了解管辖区域内的闸井（阀室）基本情况，如阀门型号、补偿器（调长器）规格型号、管径、放散情况、阀门启闭状态、连通状况、设备完好情况。

运行人员应按照运行计划对管辖区域内闸井进行运行(运行计划同管线运行计划),并需要下到井室内检查闸井状况。

(3)下闸井检查步骤

①运行人员下井前步骤:

a. 穿戴好安全防护用品。

b. 用燃气检测仪确认无燃气泄漏且氧含量为19.5%～20.9%,打开井盖通风。

c. 开据有限空间作业票(作业许可证),并经审核确认后可下井检查。

d. 检查完毕关闭有限空间作业票(作业许可证)。

②开启井盖:

a. 带井锁井盖(图3.4):用专用开井锁工具打开井锁;两人同时使用井钩子上提拉开井盖;

图3.4 开启带井锁井盖

依次打开两个井口井盖(当 XP-311A 嗅敏仪 H 档显示井室燃气浓度超过20% LEL (1% VUL)时,打开井盖前应采取有效措施,以避免产生火花)。

b. 不带井锁井盖:使用井钩子上提拉开井盖(井钩子应反向使用);依次打开两个井口井盖(当 XP-311A 嗅敏仪 H 档显示井室燃气浓度超过20% LEL 时,打开井盖前应采取有效措施,以避免产生火花)。

c. 进入井室:首先通过井盖透气孔进行井室内的燃气浓度检测和氧含量检测;经检测确认井室内氧含量19.5%～20.9%,方可进入井室;检查井下有无积水;手抓牢,脚蹬稳爬梯,逐节向下攀爬(禁止从无爬梯井口下井,禁止握、扶、蹬、踏松动爬梯,禁止携带非防爆通讯设备下井)。

d. 作业人员携带好作业工具,禁止投掷作业工具。

4)闸井运行内容

①检查闸井内设备有无漏气和损坏;

②检查闸井有无积水、塌陷、异物等。如有地下渗水,影响操作阀门时,应立即

排水；

③检查补偿器是否变形、漏气；

④每年按闸井维修标准进行一次闸井内设备的维护,在条件允许情况下进行阀门启闭操作试验,并在运行日志中记录；

⑤对无法启闭或关闭不严的阀门,应及时进行维修或提出更换,并记录在案；

⑥发现井盖丢失、损坏等情况,应立即补装或更换；

⑦闸井运行记录应包括运行日期、时间、部位、异常情况、处理方法等内容。

3.4

管道维护

为规范燃气标志的制作、使用和维护管理,对燃气设施进行有效维护,保证燃气管网及设施安全稳定运行,依据《城镇燃气标志标准》(CJJ/T 153)、《安全标志使用导则》(GB 16179)等规范,制定涂色导则。

①地上工艺管线标志宜采用管线整体涂色、涂刷标明管线内介质流向的箭头和标注说明性文字的方式,标明管线的介质种类、流向、压力级别或介质状态等。

②地上工艺管线整体涂色宜根据管线内的介质种类和用途确定。

③不需保温的管线、容器、过滤器、塔器、电器和仪表等外表面的颜色保持制造厂的出厂颜色。

④调压器、各种阀件的表面可保持制造厂的出厂颜色,但阀门应在手柄上涂刷规定的颜色。

⑤地上工艺管线气体流向的箭头涂刷位置、数量及间隔距离可根据实际情况确定。箭头图案的涂色和样式可按图 3.5 的规定执行。

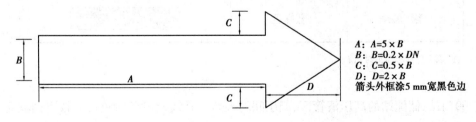

A：$A=5 \times B$
B：$B=0.2 \times DN$
C：$C=0.5 \times B$
D：$D=2 \times B$
箭头外框涂5 mm宽黑色边

图 3.5　箭头尺寸图(单位:mm)

⑥地上工艺管线可根据实际需要选择说明性文字。说明性文字的涂色应与箭头的涂色一致。"高压 A""高压 B""次高压""中压""低压"字样的尺寸(长×宽)为:$(2 \times DN) \times (0.2 \times DN)$,其中 $DN < 400$ mm 的尺寸为 80 mm×80 mm。

⑦工艺管线为架空敷设时,标志的设置应符合本标准第①~④条的规定。

⑧天然气管线的涂刷必须符合以下要求:明确用不同颜色涂刷管路;按压力级制在管路上涂刷气流方向;标志应刷在设备主视方向一侧的醒目位置;标志字体为印刷体,尺寸适宜,排列整齐。

⑨调压站(箱)的高压清管区、调压间的天然气管线及设备涂色可以按表 3.2 的规定执行。天然气管线表面涂色为灰色(表 3.3)。

表 3.2　箭头图案的涂色和样式

管线名称		颜色	色标
天然气管线涂刷气流方向	高压 A 管线	管线为灰色色标为蓝色	高压A →
	高压 B 管线	管线为灰色色标为黑色	高压B →
	次高压管线	管线为灰色色标为红色	次高压 →
	中压管线	管线为灰色色标为黄色	中压 →
	低压管线	管线为灰色色标为绿色	低压 →

表 3.3　天然气球罐表面涂色

名称	颜色	色标
球罐	蓝绿色	

注:表中色标彩图见封三。

⑩门站、储配站的高压清管区、调压间的天然气管线及设备涂色可以按下面规定进行。其中中压颜色由黄色改为白色。天然气管线表面涂色为橘黄色,具体涂色如图 3.6 所示(彩图见封三)。

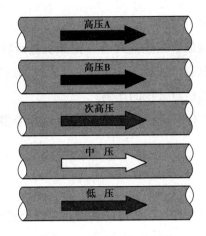

图3.6 管道箭头示意图

- 用蓝色箭头及蓝色"高压 A"字样表示压力类别和介质流向;
- 用黑色箭头及黑色"高压 B"字样表示压力类别和介质流向;
- 用红色箭头及红色"次高压"字样表示压力类别和介质流向;
- 用白色箭头及白色"中压"字样表示压力类别和介质流向;
- 用绿色箭头及绿色"低压"字样表示压力类别和介质流向。

3.5

防腐层检测

管道涂敷防腐层是通过将金属表面与腐蚀介质隔离,使得金属管道腐蚀电流趋于零而减轻腐蚀的一种方法。国家相关技术规程中明文规定:城镇燃气埋地钢质管道必须采用防腐层进行外保护。

理想状态的防腐层永远不可能实现。因为一方面在防腐层生产施工过程中不可避免会存在针孔或损坏;另一方面,埋入地下后,随着温度、时间等的影响,防腐层会逐渐发生老化、变形、粘结力下降等现象,影响其对管道的保护作用。一旦防腐层上有了损伤或针孔,就会形成大阴极(覆盖部分)、小阳极(针孔或损伤部分)的腐蚀电池,由于这一电池的作用,使腐蚀集中在破损或针孔的局部,加速管道的点蚀速率。因此,在管线使用寿命期内对防腐层进行定期检测就显得尤为重要。

埋地钢质管道防腐层检测通常以不开挖的地面检测为主,地面检测可以通过仪器对埋地管道防腐层的破损点进行检测定位,并能测量出防腐层的平均绝缘面电阻,即判断出防腐层的总体保护效果。

在具备开挖条件的区域或管道还应配合开挖探坑进行防腐层直接检测,开挖探坑的数量应根据管道实际情况合理选择。选择探坑位置时,应参考防腐层地面检测结果,考虑防腐层破损点开挖和随机点开挖的比例。

防腐层检测时,应同时对管道沿线土壤的腐蚀性和杂散电流的影响程度等进行检测。

1) 防腐层检测周期

国家相关技术规程中对埋地钢质管道防腐层检测周期进行了明确规定:高压、次高压管道每 3 年进行 1 次,中压管道每 5 年进行 1 次,低压管道每 8 年进行 1 次,上述管道运行 10 年后,检测周期分别为 2 年、3 年和 5 年。

2) 检测工作准备及检测内容

管道防腐层检测之前,管理单位应收集整理被检测管道的基本资料,包括管线长度、管径、压力级制、建设年代、防腐层种类、有无阴极保护、管线抢修记录等内容,为管线检测后的分析评估做准备。

管道防腐层检测分为地面检测和探坑检测两部分。地面检测主要确定防腐层破损点的位置及防腐层平均绝缘面电阻,探坑检测内容主要有防腐层外观检查(观察防腐层外观是否出现变形、老化、破裂等现象)、防腐层粘结力检查(检查防腐层与管道之间是否有一定粘结力,或是否出现吸水或剥离现象)、防腐层厚度检测、防腐层耐电电压测试等。

3) 防腐层周边环境检测

管道周边环境检测通常包括土壤电阻率、腐蚀电流密度、平均腐蚀速率、土壤酸碱度、含水量、含盐率、氧化还原电位、管道自然电位(或管道保护电位)、杂散电流等内容。

4) 防腐层评估及后期管理

对防腐层进行检测后,应由专业技术人员对检测数据进行分析评估,出具防腐层检测报告,报告至少包括如下主要内容:被检测管线历史、现状概述;检测内容、方法、技术方案等;检测数据;数据综合分析及对防腐层的评价;结论及建议。

防腐层检测完成后,管道管理单位还应建立管线防腐层检测台账,内容包括被检测管线的名称、长度、检测时间、检测单位、检测报告编号、主要检测结论等,并参考检测结果及建议,合理调整管线的运行计划。

习　题

一、填空题

(1)厨房内管道留头位置距正常炉具位置的距离应小于_____ m。

(2)燃气管道吹扫一般有_____和_____清扫两种。

(3)聚乙烯管道和公称直径小于 100 mm 或长度小于 100 m 的钢质管道可采用_____吹扫,公称直径大于 100 mm 的钢质管道宜采用_____吹扫。

(4)吹扫介质在管内实际流速不宜小于_____。

(5)根据行业标准,城市燃气管网的置换一般有_____、_____两种方法。

(6)采用惰性气体置换法进行管道置换时,使用的惰性气体置换可包括_____、_____、_____等不可燃又不可助燃的无毒气体。

(7)燃气置换过程中操作要平稳,升压要缓慢,一般应控制燃气的进气流速不超过_____。站内管道置换时,置换压力应控制在_____左右。

(8)天然气管线的涂刷必须符合管线为_____,高压 A 管线色标为_____、高压 B 管线色标为_____、次高压管线色标为_____、中压管线色标为_____、低压管线色标为_____。

(9)国家相关技术规程中明文规定:城镇燃气_____管道必须采用防腐层进行外保护。

(10)国家相关技术规程中对埋地钢质管道防腐层检测周期进行了明确规定:高压、次高压管道每_____年进行 1 次,中压管道每_____年进行 1 次,低压管道每_____年进行 1 次。上述管道运行 10 年后,检测周期分别为 2 年、3 年和 5 年。

二、问答题

(1)简述燃气管道吹扫的一般要求。

(2)列举城市燃气管网置换采用的方式及其应用场所。

(3)简述地下燃气管道的巡查应包括哪些内容。

4 泄漏检测和带压堵漏

4.1

泄漏检测常用仪器

4.1.1 检测设备

1) 检测设备的分类及应用范围

泄漏检测应使用相应的设备,如对燃气设备及法兰接口等部位的检漏应使用灵敏度相对较低的设备,而对埋地管道的检漏应使用大功率高灵敏度的检测设备。针对某燃气集团设备现状,将检漏设备及应用范围列于表4.1中。各种设备的检测浓度不相同,所以检测人员需了解浓度换算,见表4.2。

表4.1　检测设备分类及应用范围表

仪器分类	设备厂家及规格型号	检测量程	检测部位
Ⅰ类仪器检漏仪	德国竖威 SR5、HS660	0~22 000 ppm 精确到 1 ppm	埋地管线地面检测
	激光遥距检测仪		150 m 范围内无法接触的设备设施
Ⅱ类仪器测爆仪	日本新宇宙 XP-311A	0~100% LEL (5% VOL 甲烷) 精确到 500 ppm	设备设施泄漏检测
Ⅲ类仪器浓度测量仪	日本新宇宙 XP-314 竖威手持式检测仪	0~100% VOL 精确到 10 000 ppm	管网置换取样
其他	日本理研		闸井检测
	安耐捷四合一检测仪		
	检测车		大范围管网泄漏普查
	打孔机		查找精确漏点
	吸真空设备		查找精确漏点

表4.2　浓度单位换算表

技术指标	含　义
ppm	百万分之一体积比浓度
% LEL	燃气爆炸下限体积比浓度
% VOL	百分比体积比浓度

注:1 ppm = 0.000 1% VOL = 0.002% LEL

2)检测设备使用及其保养

每种检测设备的构造原理都不尽相同,使用和调试方法不一样,所以在使用之前应先熟悉产品说明书。为保证检测工作的顺利进行,检测设备必须进行维护保养。

4.1.2 气体检测仪

1)可燃性气体检测仪

新宇宙 XP-311A 泵吸式可燃气体检测仪(图 4.1)主要用于监测甲烷气体的爆炸下限值,是一款先进的气体安全检测设备。该检测仪采用小功率型传感器,使用寿命长;内置微型电磁泵,自动采样被测气体;安全防爆,可在危险场所使用。此类气体检测仪读数准确、体积小、重量轻、结构紧凑、操作简便,可用于天然气输配领域,也可用于污水处理厂、危险的垃圾场、电站、石化厂、矿山、造纸厂、钻井、消防站等领域,还适用于设备人孔、管道内的可燃气体检测。

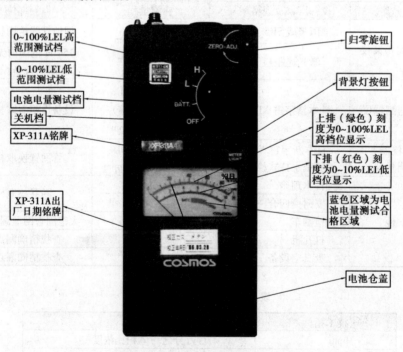

图 4.1　XP-311A 型可燃气体检测仪

2）泵吸式可燃性气体检测仪

GX-2003 泵吸式可燃性气体检测仪（图4.2）使用由最多5种气体传感器组成的监测系统,可以同时探测可燃性气体甲烷（CH_4）、氧气（O_2）、一氧化碳（CO）、硫化氢（H_2S）的存在。

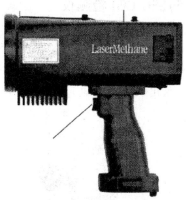

图4.2　GX-2003 及 8 m 采样软管　　　　图4.3　SA3C06A 型激光甲烷检测仪

3）激光甲烷检测仪

激光甲烷检测仪（图4.3）具有以下功能特点:对甲烷具有高度选择性,对其他各种烃类气体和化学制品、水蒸气等不敏感;采用物理测量法,无化学反应,不改变采样气体的特性;激光检测速度快,对气体流量变化不敏感;不带有氢气燃烧气,使用更安全;多通道分析,使得测量范围更大的同时还能保证精度（ppm,LEL,VOL）;可有两级采样泵速,适合快速步行巡检和微小泄漏的探测;可选择绝对浓度和相对浓度测量模式;外壳设计坚固,防水防尘性能好,后期维护简单,使用寿命长。

4）激光甲烷遥距检漏仪

RMLD 激光甲烷遥距检漏仪（图4.4）是美国汉斯公司联合美国燃气研究院,以及多家大型燃气营运公司的研究成果,其核心部分采用了最先进的可变波长（TDLAS）技术。该仪器工作原理如下:激光束由探测器发出后,穿越管道或设施上方空间,射到另一端的目标（如墙,树或柱子等）上,部分被目标反射回到探测器;被反射的光被收集起来并被

图4.4　RMLD 激光甲烷遥距检漏仪

转换成电信号,这些电信号用来分析甲烷的浓度,其单位为 ppm/m。

通过采用波长模制激光吸收光谱技术,该探测器达到极高的灵敏度。某一波长的光只被甲烷吸收,因此,只对甲烷有反应,不受其他气体成分的影响,这大大提高了检测的准确性,消除了误测。

5)SSG CGI 检测仪

SSG CGI 检测仪(图 4.5)结合全量程检测可燃气体的传感器,用于检测可燃气体 ppm、LEL 浓度范围及百分比浓度的检测,加装专用传感器后可同时检测氧气和毒性气体(一氧化碳和硫化氢)含量。不同型号的 SSG,根据传感器的不同提供不同的检测功能。

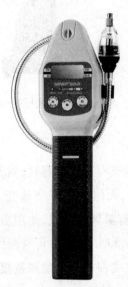

图 4.5 SSG CGI 检测仪   图 4.6 EX-TEC SR5(防爆)燃气管网综合检漏仪

该检测仪对可燃气体的报警浓度范围设定为 50% LEL 到 17% VOL 甲烷之间,一氧化碳(CO)报警浓度为 35 ppm,氧气报警浓度低于 19.5% 或者高于 23.5%。H_2S 的报警浓度设为 10 ppm。

6)燃气管网综合检漏仪

燃气管网综合检漏仪(图 4.6)的功能为:

• 室外燃气管网探测(ppm 量程):用于发现室外燃气管网泄漏普查和探测;

• 定位地下管线漏点(% VOL 量程):探测并比较用路面钻孔机打的孔内的浓度;

• 室内管线检测:用于建筑物内管线泄漏点探测(ppm 量程);

- 封闭区域安全探测:爆炸下限探测(%LEL 量程);
- 高浓度气体放散探测:测量管道内浓度(%VOL 量程)。

7)HS660 型燃气管网综合检测仪

HS660 型燃气管网综合检测仪是德国竖威公司的产品,是目前国内最先进的现场分析仪表之一,通过内置气象色谱可迅速对现场作出准确分析。并可通过其所带的计算机接口对每次分析结果进行存储打印。

8)车载式光学甲烷探测仪

车载式 OMDTM 光学甲烷探测仪的技术参数如下:

灵敏度:1 ppm/mCH$_4$;

测量范围:1~200 ppm;

精确度:±10%(1~100 ppm),±20%(100~200 ppm);

显示量程:10,30,90 ppm;

温度扫描探测器长度:51.25 in,±2 in;

操作温度范围:-22~122 F(-30~50 ℃);

操作湿度范围:5%~100%RH,无冷凝;

系统功率:72 W,12 VDC;

系统电压:12~16 VDC。

4.2

泄漏检测方法

4.2.1　泄漏检测周期

泄漏检测周期的含义是对泄漏检测对象的最长的检测间隔,并不一定是必须按照周期的要求执行检测。目前某燃气集团的泄漏检测周期基本如下。

1)燃气管网设备设施的泄漏检测周期

①调压箱泄漏检测每月至少 1 次。

②调压站泄漏检测每月至少1次。

③露天燃气设施泄漏检测每月至少1次。

④埋地管线泄漏检测应按以下周期进行：

• 符合以下条件之一的管线每年泄漏检测2次：压力为次高压A及以上；投运年限为20年及以上；经专业防腐公司检测评价等级为4级或5级。

• 以上条件未涉及的管线每年至少泄漏检测1次。

⑤5 m线检测宜与埋地管线泄漏检测同时进行。

2) 特殊情况下的设备设施泄漏检测周期

特殊情况下的设备设施应适当缩短泄漏检测周期,参照以下规定执行：

①新通气的管线(含改移通气的管线)、切接线作业点、漏气修补点应在24小时之内检测1次,并在通气后的第一周进行1次复查。

②发现泄漏未能及时修复应密切监视、确保安全,按分级处置原则处置。

③市政工程配合时应根据市政工程施工的进度同步进行埋地管线的泄漏检测工作。

④对存在违章的部位应加强检测。

⑤运行中发现管线附近有地质变化(下沉、开裂)的部位应立即进行泄漏检测。

⑥逢重大活动前对涉及的管网设施进行重点检测。

4.2.2 泄漏检测操作要求

1) 泄漏检测前期准备

为保证泄漏检测工作的顺利进行,泄漏检测人员在检测开始前应进行相应的准备工作,主要有以下几方面：

①详细了解管线的相关资料,包括图纸、技术改造大修情况及竣工资料等。

②清楚被检测管线段的薄弱点,如接切线部位、发生过漏气的管段等,并对以往检测有泄漏需重点监测部位进行核实。

③提前与泄漏检测负责人核实资料,确认无误后,运行人员应与检测人员同时进行检测。

④对检测所需设备进行检查,确认设备状态良好,电池电量充足。

⑤准备当日检测所需携带的用品用具,如开井盖钥匙、工具、警示标志、图纸资料、

记录表格等,按《职业健康安全管理体系》要求落实安全防护用品。

2) 泄漏检测操作

泄漏检测因使用的检测方法及检测设备不尽相同,所以将检漏操作分为调压箱、调压站、调压站外燃气设施及埋地管道检测四部分,其中调压站外燃气设施检测包含门站、调压站(箱)室外过滤器组等露天设备的检测。

①针对调压箱的检测:首先用Ⅱ类测爆仪在箱外上端排气孔及沿缝隙处检查泄漏情况;然后打开调压箱,如在箱门外发现有泄漏应注意开门动作轻缓,避免产生火花引发事故;用检测仪沿法兰圆周、设备本体及仪表接头或丝扣连接等处仔细检查是否有泄漏。

②针对调压站的检测:首先在打开调压站房门时应立即进行空间气体浓度检测;站内燃气设施应用Ⅱ类测爆仪沿法兰圆周、设备本体及仪表接头或丝扣连接等处仔细检查泄漏情况。

③针对站外燃气设施的检漏:对于站外燃气设施应用Ⅱ类测爆仪沿法兰圆周,设备本体及仪表接头或丝扣连接等处检查泄漏情况。

④针对闸井泄漏检测:在对闸井进行泄漏检测前应在周围设置警示标志;在不打开井盖的情况下用Ⅱ类测爆仪(或Ⅲ类综合检测仪)沿井口圆周进行检测,检测是否有泄漏,如无泄漏则可进行下一个闸井的检测。

⑤针对埋地管线的泄漏检测:埋地管线的泄漏检测要遵循高压力管网优先检测、高运行年限的管网优先检测的原则;不同材质管道的检测顺序遵循无阴极保护的钢管→有阴极保护的钢管→PE管的原则;泄漏检测按全面检测→检测→分析→打孔→定位的顺序进行。检测流程按图4.7执行。

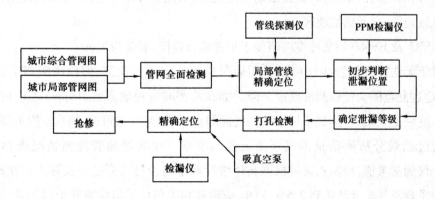

图4.7　埋地管线泄漏检测流程图

对市政道路下的埋地管线可利用检测车对管网进行全面泄漏检测；如发现有浓度显示则通过Ⅰ类手持式或 HS660 手推车式检漏仪反复确认是否为燃气泄漏。在使用检测车进行检测时应注意以下问题：

①检测时车速不能超过 30 km/h；

②埋地管线检测区域一般不超过检测车外边缘 5 m；

③环境温度范围不能超过 −36~50 ℃。

检测车检测不到范围的埋地管线用 HS660 手推车式检漏仪进行泄漏检测，使用过程中应注意以下问题：

①应重点检测以下燃气易逸出的部位，如泥地及草地、管沟、路面裂痕、行人路边、管线周围 5 m 范围的其他井室。

②有些因素会影响检测效果，应在检测过程中加以考虑：

a. 泥土的潮湿度：泥土若较为潮湿，则燃气在土壤中的扩散速度会减慢；

b. 泥土的种类：沙质内燃气扩散速度较快，黏土内燃气扩散速度较慢；

c. 道路面层：水泥及沥青路面不利于燃气的逸出，方砖路面泄漏燃气会从砖缝隙中逸出；

d. 燃气（管线）压力：压力越高渗透速度越快；

e. 雪（覆盖）：如有雪覆盖则雪的颜色会变黄；

f. 冰冻土壤及土质疏松地区：冰冻土壤会影响燃气向地面渗透的速度；

g. 地质不稳定地段：发生地震等地质灾害后燃气管线的泄漏概率会大幅度增加；

h. 风速：风速超过 4 级应降低检测速度。

③燃气泄漏可能对附近建筑物及环境造成危险，所以在检测时应注意以下建筑物的因素：两墙之间的水泥面，建设活动频繁地区，采用非开挖工艺施工地段，使用大规模施工机械地段，交通繁忙地区。

④SR5 及 HS660 检测速度应略慢于正常步行速度，通常为 1 m/s。

对于无法接近的管线还可以采用遥测检测技术进行检测，但检测距离不应超过30 m，超过此范围会使检测准确度下降。如在检测时发现地面有 10 ppm 左右的微漏，或有浓度突变现象，特别是管网中的一些薄弱点，如原漏气点附近、抽水缸附近等处，还需要通过乙烷分析确定是沼气还是天然气泄漏。因为埋地管线的情况极为复杂，10 ppm仅为参考值，检测人员可根据具体情况确定是否打孔开挖查找漏点。在检测分析后如发现沼气浓度已达到 2.5% VOL,应通知相关单位采取措施并予以记录；如果已达到 4% VOL,须立即通知相关单位，并现场看守，待相关单位人员到达交接后方可离开。距建(构)筑物较近的管线如确认有燃气泄漏,应到建(构)筑物内检测燃气的浓度,发现有燃气积聚及时上报。

当在检测过程中已确认为天然气泄漏时,应采用打孔检测的方式确定具体泄漏点,并应注意以下问题:

①在使用钻孔机之前,应使用探管仪确认管线位置、走向、埋深,同时还应注意避让电缆或其他管线;

②打孔位置应在管线正上方;

③打孔深度应超过道路的硬化层,包括水泥路面、沥青路面和三合土基层;

④检查孔的间距一般为 5 m,打孔的范围应涵盖整个泄漏扩散区域,直至最外侧的检测孔内燃气浓度为 0 为止;

⑤打孔过程中应边打孔边检测,检测时应使用燃气管网检测仪配套的锥形探头;

⑥在打孔检测时如果发现浓度接近100% VOL,需要进行吸真空作业,或经一定时间燃气浓度消散后,再精确定位漏点的位置(吸真空系统应通过吸真空操作手柄伸到钻孔里面。如果检测有套管的管段,应根据实际情况综合加以判断)。

对各个检测孔的浓度进行比较分析,从浓度最高的几个孔中判定最终的泄漏位置。

钻孔机在使用过程中,操作人员应使用手柄操作打孔机,严禁在钻孔机工作时,人员手扶到钻孔机的车架上,以防止钻孔机打倒地下动力电缆而发生触电事故。当遇钻孔机无法正常工作的环境,如花坛、栅栏等地方,或者需要加深探孔深度时,要使用专用的勘探棒进行打孔作业,严禁使用人工打钎的方式。

4.2.3 泄漏的分级及处置方法

由于泄漏位置等因素的限制,如果一发现泄漏就立刻堵漏将耗费大量人工及资金,所以需有针对性地采取相应措施:将泄漏量相对较小,暂时不会对周围环境造成很大影响,暂时不会形成爆炸隐患的漏点进行监控处置;同时进行泄漏等级划分,根据划分的等级制订相应的检修计划,减少抢修的费用,提高修漏的质量。

泄漏等级的划分原则及处置方式见表4.3。泄漏等级分为三级:一级为危险性泄漏,必须立即修复;二级为非危险性泄漏,15 日内修复;三级为非危险性泄漏,按程序进行计划性维修。

表4.3 埋地管线及设施气体泄漏等级划分原则及处置方式

泄漏等级	一 级	二 级	三 级
严重程度	危险性泄漏	非危险性泄漏	非危险性泄漏
划分原则	符合以下条件的属于一级： ①任何可能危及生命及财产安全的可视、可听、可感觉到的泄漏(包括第三方破坏、爆炸、爆燃、着火等)； ②任何扩散到建筑物内或下方，或蔓延到隧道内的泄漏； ③任何建筑物外墙处 XP-311 可燃气体检测仪检测有读数显示或气体可能泄漏到外墙的地方； ④任何有限空间不低于 20% LEL 的读数； ⑤任何构筑物中不低于 20% LEL 的读数，此处气体可能会扩散到建筑外墙	除一级以外的，符合以下条件的属于二级： ①任何有限空间在 0～20% LEL 的读数的泄漏； ②燃气管线经检测确认为天然气泄漏的，且不能限定为一级的	除一、二级以外的泄漏属于三级
处理方式	按应急管理规定中的相关要求执行，立即上报至公司调度中心，现场采取安全防护措施，需要立即修复或持续监控直到危险消除	立即上报各单位运行主管部门，确定修复方案和修复日期后提前 72 小时报至公司调度中心，15 日内修复；如因特殊情况不能修复的，应每日定时检测，判定浓度是否有上升趋势，根据评估分析确定是否升级	立即上报至各单位运行主管部门，制定修复方案，定期检测，按程序进行计划性维修

4.3

不停输堵漏抢修

4.3.1 原则

①不停输堵漏应遵循以下原则：

a. 在保证施工人员安全的前提下进行堵漏，安全措施不到位、技术方案不成熟、威

胁到人员生命和财产安全的情况下则不能采用不停输堵漏;

b.堵漏原则为由大漏变小漏,由小漏变不漏,凡遇到泄漏第一时间可先用木楔或堵漏夹具堵住漏点,再实施更有效的堵漏工艺;

c.在最大限度地保证管线不停输的状况下采取正确的堵漏方式进行堵漏;

d.在条件具备的情况下应在第一时间内进行永久处理。

②除堵漏抱卡可由抢修人员自行操作外,其余均由专业堵漏人员实施堵漏工艺。

③不停输堵漏需降压时,次高压 A 管网压力建议不低于 0.15 MPa,中压管网压力建议不低于 0.04 MPa。

④所有的不停输堵漏工艺均为临时性堵漏工艺,在不停输堵漏工作完成后各运行及泄漏检测人员还应加强对堵漏部位的泄漏检测,直至采取更换设备等永久性措施。

⑤堵漏作业前作业人员应按泄漏情况制定相应的堵漏方案,按相关安全要求做好防范工作,保证作业人员的安全,进入有限空间作业还应遵守有限空间相关作业要求。

⑥堵漏作业前应按生产作业许可相关规定办理相关手续。

4.3.2　堵漏工艺

1)钢带拉紧工艺

(1)使用的工具

钢带拉紧工艺使用的主要工具为:钢带拉紧器,成型卡(内嵌多重密封垫),成型堵漏钢带,内六方扳手。

(2)适用范围

钢带拉紧工艺适用于:穿孔直径 15 mm 以下,短期应急的管线上;适用压力 1.6 MPa;适用部位为直管、弯头及直焊缝口;适用于金属材质的管线。

(3)操作方法

①清理泄漏部位周围的表面,包括防腐层、油污和已腐蚀松散层等;

②根据管径和泄漏点的部位选择相应的成型卡和堵漏钢带;

③如果穿孔直径大于 15 mm,可先用木塞钉住泄漏,减少泄漏量;

④将堵漏钢带和成型卡从泄漏点的旁边滑向漏点正上方,拉紧钢带;

⑤每个泄漏点至少拉紧 2~3 根钢带,并保证每根钢带拉力均匀;

⑥用肥皂水刷漏观察 5 分钟确定不漏后方可收工,如有微漏可继续调整钢带,对管线腐蚀严重的可以在堵漏后加焊套管,以延长使用寿命。

2)低压粘补工艺

（1）概念

低压粘补工艺是指采用化学黏合材料实现密封、固持、加强的技术，常温下施工不需专门设备和能源，方便快速。它在燃气管网中主要有三个方面的应用：先堵漏再粘补加固；胶固化过程中进行施加外力；引流粘堵。

（2）胶粘剂性能要求

所采用的胶粘剂必须具备快速固化（3分钟内），抗冲击、耐候性、耐老化。

（3）适用范围

低压粘补工艺适用于穿孔直径5 mm以下的短期应急管网上；适用压力0.04 MPa以下；适用部位为直管、弯头、三通及设备容器裂纹等；适用于金属或非金属材质的管网设备。

（4）操作方法

①清理泄漏部位周围的表面，包括防腐层、油污和已腐蚀松散层等，采用手动工具打磨出泄漏本体，再用清洗剂将表面彻底清洗干净；

②配胶与涂胶：按所使用胶的比例配好，均匀涂抹；

③先堵漏再粘补加固：在泄漏点处采用其他工艺先堵住漏点，如用木塞、软金属等先将漏点钉住或用錾子铆住泄漏点，再涂胶加固；

④胶固化过程中进行施加外力：如配合钢带拉紧工艺将配好的胶放在成型卡上快速拉钢带，在胶固化过程中增加了胶的粘结强度，提高成功率；

⑤引流粘堵：对于腐蚀严重，无法进行直接粘堵的特殊部位先粘泄漏点周围，再采用引流方法将气体引导出去，使引出去的气体变得可控，待胶完全固化后再控制引出去的气体；

⑥对于能够暂时关停放空的管网设备，进行粘补时最好采用关停放空后再粘补，如调压站内的放空管线。

3)注剂式密封工艺

（1）工艺原理

在泄漏本体的外部制造一个密闭的空腔结构（堵漏夹具），密封注剂通过注剂设备注入空腔内填充空腔，当空腔被填满并且压力大于管网运行压力时，泄漏就会被堵住。

（2）适用范围

注剂式密封工艺适用于：法兰、接箍、管线丝扣及特殊部位的泄漏。

（3）操作方法

①现场测量泄漏部位,设计加工成型夹具,安装注胶,保压;

②严格按照中华人民共和国化工行业标准《带压密封技术规范》操作;

③施工前的准备,在高处堵漏时应搭设带护栏的安全平台,在闸井堵漏时要配备排风设施。

④定期回访,对堵漏后出现异常的泄漏点进行及时补注;

⑤对于注剂式密封堵漏的部位,之后若有机会更换一定要加以更换,以达到消除安全隐患的目的。

4）快速捆扎工艺

（1）工艺原理

捆扎工艺的主要产品是快速捆扎带,随着捆扎带的增厚,利用快速捆扎带的黏合性和回弹力能不断产生挤压力,将穿孔紧紧抱住,从而达到快速捆扎堵漏的目的。

（2）适用范围

快速捆扎工艺适用于:穿孔直径 10 mm 以下,短期应急的管线上;适用压力 0.04 MPa以下;适用部位为 ϕ114 以下的金属管线或非金属管线的直管、弯头、接箍、变径等。

（3）操作方法

①清理泄漏部位周围的表面,包括防腐层、油污和已腐蚀松散层等;

②根据管径和泄漏点的不同剪下一块面积不小于泄漏点 2 倍的胶皮盖在泄漏点上,捆扎带沿泄漏点一侧开始缠绕,逐渐向泄漏点靠拢,每一圈都要最大限度地拉紧;

③第二圈压住第一圈的1/2,防止中间产生缝隙,一般漏点缠绕 4~5 层就可以堵住泄漏;

④捆扎完仍有少量泄漏时,可以在捆扎带上直接接钢带,增大压力;

⑤整个操作过程要快速,用力要均匀。

5）带压堵焊工艺

（1）工艺要求

带压堵焊要严格遵守《城镇燃气设施运行、维护和抢修安全技术规程》,在表面焊接前必须进行安全评价,在熔焊时强度下降的情况下,仍能保持内部介质不外泄方能进行,否则不应施焊。带压堵焊主要遵循的原则是先堵后焊。

（2）适用范围

带压堵焊工艺适用于：穿孔直径 15 mm 以下的管线上；适用压力 0.15 MPa 以下；适用部位为金属管线的直管。

（3）操作方法

①直焊法：当管线运行压力小于 0.03 MPa 时可对泄漏部位直接电焊，适用于砂眼、小孔泄漏。采用点焊的方法趁热将焊点铆合。当电焊引起的火势较大时则立即停焊并采取其他安全措施。

②堵焊法：当管线运行压力小于 0.1 MPa 时可采用堵漏产品堵漏压盖，电焊补丁，局部双层夹具等进行先堵漏再电焊，确保电焊安全，如电焊补丁可用钢带拉紧无渗漏时再电焊。

③引流法：当管线压力小于 0.1 MPa 时可采用引流焊板进行引流电焊，泄漏点大于 10 mm 时先用木塞子钉住泄漏使其泄漏量变小，再安装引流焊板，采用钢带快速拉紧。经检测达到动火条件时方可动火先将堵漏焊板焊牢，再关闭引流阀并对引流阀进行加固焊接。

4.3.3　不停输堵漏技术要求

1）管线堵漏

（1）燃气管线发生点状腐蚀应采取的措施

①如泄漏孔直径超过 3 cm，压力不超过 0.05 MPa 时，现场先采用木楔堵漏，变大漏为小漏。超过以上范围，无法实施木楔堵漏时可先降压到不停输压力，再实施带压堵焊工艺；

②可采用钢带拉紧工艺或堵漏抱卡，钢带拉紧的堵漏焊板或抱卡应保证周边施焊部位用可燃气体检测仪 XP-311A 高档无显示；

③焊接补丁排放孔在焊接过程中应用钢管丝扣连接专用胶管排放到作业坑外，并随时监测排放量是否异常；

④焊接时应保证合理焊接速度，并注意冷却；

⑤焊接完毕后，拧紧放散丝堵漏；

⑥检测焊接部位是否有漏气。

（2）燃气管线发生片状腐蚀应采取的措施

①现场先采用木楔堵漏，变大漏为小漏，如漏气量较大可降压到不停输压力；

②采用低压粘补，变小漏为不漏；

③采用碳纤维补强技术,对发生片状腐蚀部位全面补强。

在可以实施的条件下,优先推荐点状腐蚀采取的措施;如因时间及现场条件不能焊接的,可以采用低压粘补技术;同时推荐堵漏碳纤维补强技术。堵漏完毕经检测无泄漏时立即回填。

2)闸井内法兰连接处的堵漏

对投入运行 30 天内的管线,原则上采用放散,正压条件下更换垫片;对已投入运行管理超过 30 天的管线,推荐采用注剂式密封工艺进行处理。

对注剂式密封工艺进行处理的法兰,原则上应缩短运行周期并加强对泄漏部位的检测。如发现漏点再次泄漏,可采用二次注胶的方式继续修复。

3)调压站内法兰连接处的堵漏

调压站进口阀门关闭严密时,原则上采用更换垫片的方式进行修复(更换垫片操作参照所在某燃气企业作业指导书)。调压站进口阀门关闭不严密时,原则上可以临时采用注剂式密封工艺进行临时处理。

对堵漏夹具工艺进行处理的法兰,原则上在可保证正常运行的条件下或者停站检修期间采取拆卸堵漏夹具、更换垫片的方式永久处理。

4)露天装置法兰连接处的堵漏

泄漏部位前端阀门关闭严密的情况,推荐采用更换垫片的形式进行修复;泄漏部位前端阀门关闭不严密的情况,推荐采用注剂式密封工艺进行临时处理。

对堵漏夹具工艺进行处理的法兰,原则上也可在保证正常运行条件下或者停站检修期间采取拆卸堵漏夹具、更换垫片的方式永久处理。

5)设备本体的堵漏

阀门类设备本体及各种排放孔(放空、排污、加油、清洗)发生漏气时,应先与设备厂家联系检修,并采取必要的安全措施。在保证安全的前提下,推荐由各厂家进行修复。厂家不能修复时,可采用制作专用夹具后注胶的形式进行临时性修复。临时性修复的各类漏气,需在条件具备的情况下,调整为永久性修复。

6)特殊条件下的堵漏修复

①对表管、信号管、小型接头的中压以下(含中压)可以采用快速捆扎工艺配合堵漏

胶的方式进行临时性紧急处理。

②PE 管接口或绝缘接头处也可采用低压粘补配合捆扎带使用。

习 题

一、填空题

（1）完成下列浓度换算：2 ppm = _____ VOL = _____ LEL。

（2）日本新宇宙 XP-311A 是Ⅱ类仪器测爆仪，常用于燃气_____泄漏检测。

（3）新通气的管线、切接线作业点、漏气修补点应在_____检测 1 次，并应在通气后的_____进行 1 次复查。

（4）埋地管线的泄漏检测要遵循高_____、高_____管网优先检测的原则。管材遵循无阴极保护的钢管→有阴极保护的钢管→PE 管的原则。

（5）不停输堵漏需降压时，次高压 A 管网压力建议不低于_____ MPa，中压管网压力建议不低于_____ MPa。

二、简答题

（1）简述燃气管网、设备、设施的泄漏检测周期。

（2）列出常见的燃气不停输堵漏工艺。

5 管道附属设施的运行与维护

■ 核心知识

- 门站、储配站、计量管理、气质检测、加臭、
  调压站/箱、安全装置、调压除噪

■ 学习目标

- 掌握输配站的设计要求及功能
- 熟悉门站、储配站的工艺流程
- 熟悉不同计量设备的特点及应用场合
- 了解气相色谱分析仪的工作原理及维护要求
- 熟悉加臭系统、过滤设备的运行与维护要求
- 熟悉调压站/箱的工艺流程
- 熟悉调压工艺的主要设备及作用
- 了解管道附属设备的检修及维护

5.1

输配站运行与维护

5.1.1 输配站的功能及工艺流程

1)输配站的功能

输配站用于接受气源来气并具有进行净化、加臭、储存、控制供气压力、气量分配、计量和气质检测的功能,包括门站和储配站。输配站在燃气输配系统中不可或缺,是燃气输配系统的重要组成部分。

城市各类燃气用户的用气工况具有月不均匀性、日不均匀性和时不均匀性,这是城市用气的显著特征。而输配站的设计必须满足城市用气量的要求,因此,输配站应具有输气、储气、调峰、调压、过滤、计量等功能。

2)输配站工艺流程

输配站系统中的基本结构应根据要求的供气能力、上下游管网的设计压力和运行压力、调压能力、调峰能力来确定。完整的门站和储配站的工艺流程如下。

(1)门站工艺流程(图5.1)

图5.1 门站工艺流程图

(2)储配站工艺流程(图5.2)

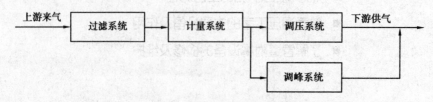

图5.2 储配站工艺流程图

（3）工艺设计要求

①输配站的功能应满足输配系统输气调峰的要求；

②站内应根据输配系统调度要求分组设置计量和调压装置，装置前应设过滤器，门站进站总管上宜设置分离器；

③调压装置应根据燃气流量、压力降等工艺条件确定设置加热装置；

④站内计量调压装置和加压设置应根据工作环境要求，在露天或厂房内布置，在寒冷或多风沙地区宜采用全封闭式厂房；

⑤进出站管线应设置切断阀门和绝缘法兰；

⑥储配站内进罐管线上宜控制进罐压力和流量的调节装置；

⑦当长输管道采用清管工艺时，其清管器的接收装置宜设置在门站内；

⑧站内管道上应根据系统要求设置安全保护及放散装置；

⑨站内设备、仪表、管道等安装的水平间距和标高均应便于观察、操作和维修。

5.1.2　输配站设备维护的意义

输配站设备的完好率，直接关系到输配管网供气的压力稳定性和供气的安全性，直接关系到燃气供气系统应用的质量。对输配站设备的运行和维护是输配站运行管理中的重要组成部分。在运行中对输配站内的设备进行有效维护，修复设备的有形磨损，延长设备的自然寿命，维持设备的生产功能和效率，使得输配站在生产中能够充分发挥设备的效率，谋求设备生命周期的最大化。

在运行的过程中记录和掌握设备的运行参数，切实把握设备的运行状态，为设备维护检修计划的制订提供数据资料，使得设备管理人员能够制订切实可行的维修计划，防止设备的欠维修或过维修，并降低维修成本。通过行之有效的设备维修，可提高检修效率与经济效益。

输配站设备在企业资产中占据重要份额，管好、用好企业中的设备，使其产生更大的经济效益，是企业可持续发展的重要保证。

5.1.3　计量设备的运行与维护

在过程自动化仪表与装置中，流量仪表有两大功用：作为过程自动化控制系统的检测仪表和测量物料数量的总量表。按流量计机构原理分有容积式流量计、叶轮式流量计、差压式流量计、变面积式流量计、动量式流量计、冲量式流量计、电磁流量计、超声波流量计、质量流量计、流体振荡式流量计。在门站和输配站的实际应用中使用最广泛的过程计量仪表是超声波流量计和涡轮流量计。

1)超声波流量计

(1)原理

用于天然气流量测量的超声流量计采用的是时间差法。图 5.3 为直射式超声流量计的工作原理示意图:在管壁两边安装一对斜角为 φ 的超声换能器,两个换能器同时或定时向对方发射和接收对方的超声信号。

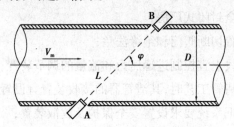

图5.3 直射式超声流量计工作原理图

(2)技术特点

声波由一个探头发射,另一个接收,不经管壁反射,声波由上游向下游传输的时间(由于声波被气流推动)小于声波由下游向上游传输的时间(声波被气流反向阻挡)。这两个时间之差与气流的速度存在某种对应关系,从上下游测得的传输时间可以计算出气流的平均速度和声波的速度。

(3)分类

依据超声波在管壁上的反射情况,可分为单反射和双反射两种。

(4)探头

超声波探头又叫超声传感器或超声换能器,是确保超声脉冲信号进入气体以及从气体传出接受的主要部件,要求声耦合性能好,接受信号灵敏度高,具有一个最低的工作压力。根据 ISO 标准,被测气体的温度范围应该为 $-25 \sim 55$ ℃。Elster-Instromet 公司的超声传感器发射频率有 100 kHz 和 200 kHz 两种。

(5)特点

超声波流量计具有以下特点:高频率,低功耗,低电压工作,高效、安全;灵敏度高,精度高;可以在线带压更换,更换电缆不影响工作及精度;适用广泛,测量范围宽;结构紧凑,插入表体浅,不易受污垢影响,寿命长;压力损失小。

(6)运行与维护

超声波流量计用于厂站的过程计量。一般来说超声波流量计维护工作量很少,除按规定进行检定外,还要加强平时的数据监测,以便发现问题并及时安排修理。

2）涡轮流量计

（1）原理、特点

涡轮流量计是一种常见的流量计类型。涡轮流量计的工作原理是置于流体中的叶轮的旋转角速度与流体流速成正比，通过测量叶轮的旋转角速度就可以得到流体的流速，从而得到管道内流体的流量值。

（2）运行与维护

涡轮流量计在储配站被广泛使用。涡轮流量计由基表和修正仪组成，运行维护的主要内容有：

①基表润滑油的加注；

②对导压管和测温套筒进行泄漏检测；

③进行调压站巡检时，如有过站流量，则应检查数字表盘字轮是否转动；

④需保持表体表面的清洁，保洁时应注意不要触碰电器连接线，保洁后检查电器连接线是否良好；

⑤流量计按规定进行定期检定。

3）流量计的定期检定

流量计应定期进行检定，检定周期一般为 2 年。不同准确度等级的流量计其检定周期不同。

5.1.4 气质检测设备运行与维护

1）气相色谱分析仪

（1）气相色谱工作原理

气相色谱可对气体物质或可以在一定温度下转化为气体的物质进行检测分析。由于物质的物性不同，其试样中各组分在气相和固定液相间的分配系数不同，当汽化后的试样被载气带入色谱柱中运行时，组分就在其中的两相间进行反复多次分配，由于固定相对各组分的吸附或溶解能力不同，虽然载气流速相同，但各组分在色谱柱中的运行速度就不同，经过一定时间的流动后便彼此分离，按顺序离开色谱柱进入检测器，产生的讯号经放大后，在记录器上描绘出各组分的色谱峰。根据出峰位置，确定组分的名称，根据峰面积确定浓度大小。

(2)气相色谱仪的组成部分

①载气系统:包括气源、气体净化、气体流速控制和测量;

②进样系统:包括进样器、汽化室(将液体样品瞬间汽化为蒸汽);

③色谱柱和柱温:包括恒温控制装置(将多组分样品分离为单个);

④检测系统:包括检测器,控温装置;

⑤记录系统:包括放大器、记录仪或数据处理装置、工作站。

2)气质分析仪表的运行与维护

应定期对气质组分的标气瓶、载气瓶进行瓶压检查,对气路情况进行检查。对各种仪表进行检查,确认仪表工作是否正常。

5.1.5 加臭系统运行与维护

1)门站和输配站加臭装置

门站和输配站设置的加臭装置是为了弥补燃气无臭味或臭味不足时添加臭液的装置。加臭剂的选择应考虑臭味特殊、无毒、气味浓烈、易挥发、可燃烧,对管道无腐蚀,燃烧后不产生有害气体,对人体和接触材料无毒等因素。加臭剂可采用四氰噻吩、硫醇、硫醚或其他含硫化合物的配制品。加入加臭剂的最小量应符合:无毒燃气泄漏到空气中,达到爆炸下限的20%时,应能察觉;有毒燃气泄漏到空气中,达到人体允许的有害浓度时,应能察觉。加臭装置通常采用注塞泵进行加臭。加臭控制系统根据总过站标况瞬时流量和加臭量标准,控制注塞泵的工作频率,使天然气中的臭剂含量相对均匀。

2)加臭装置运行与维护

①检查核准监控系统的总过站流量是否与加臭装置显示的瞬时流量一致;

②对加臭系统进行检查,包括:加臭储罐的液位高度、加臭泵的工作状态、加臭系统的安全装置、加臭系统上的仪表;

③按照压力容器检定标准对臭储罐进行定期检验;

④当臭罐液位低于最低液位要求时,应对加臭罐进行臭料的加注工作。

5.1.6 过滤设备运行与维护

过滤器的排污、排水:当过滤器压差表超过允许范围时或定期开启过滤器底部的排污球阀,排放掉过滤器内的积水、杂质,排尽后关闭球阀。

对在运过滤器进行在线检查,需注意下列情况:

①过滤器本体、焊缝、接头等有无泄漏、裂纹、变形;

②过滤器外表面有无油漆剥落、起皮、锈蚀等;

③有无漏气声音、气味、异常震动、噪声;

④支撑或支座有无损坏、开裂、倾斜、紧固件松动;

⑤运行是否稳定;

⑥有无其他故障发生。

5.1.7　变配电设备运行与维护

变配电设备的运行与维护应根据相关法律法规制定相应的制度,应包括:电气安全工作规程、电气设备操作规程、电气设备维护检修制度、电气设备巡视检查制度、运行交接班制度等。

变配电设备除应遵守变配电有关规定外,还应注意下列情况:

①配电设施的安全警示标志应按照要求进行悬挂,标志完好有效;

②配电室的防洪涝设施应完好有效;

③汛期配电室加强巡回检查,一旦发现排水缓慢甚至回流现象,应立即启用站内储备沙石、土方料,封闭各水流通道,并打开站备潜水泵向站外排水,如仍不能及时改变站内受淹状况,应及时汇报防汛指挥部,请求应急抢修增援;

④配电房门窗洞口应有效封闭,防止小动物侵入;

⑤配电房内的应急照明装置、控制系统、消防设施等的供电系统应能保证其用电需要;

⑥电缆沟上应有完好无损的盖板,电缆不得裸露。

5.2
调压站/箱

5.2.1　调压站/箱的工艺流程

燃气输配系统中各种压力级制的管网之间依靠调压站(箱)连接,其基本结构大致相同。调压站的大小和配置的范围要根据要求的供气能力,上下游管网的设计压力和运行压力,调压设施在输配系统中的位置、作用和重要性来确定。其工艺流程如图5.4所示。

图5.4　调压站/箱工艺流程图

5.2.2　调压系统的工艺及设备选择

调压系统根据所处地位的不同、工艺流程的不同,分别根据门站、储罐站和调压站的特点选用不同调压设备。特别是为了防止压力超载可能造成的危害(设备损坏,发生事故造成人身伤害,压力过高导致气体逃逸,压力限制部件破裂引起燃气泄漏等)在安装一个调压器时需要安装适合的超压保护装置,同时也必须安装合适的超压保护以保护所有的下游设备免受调压器失效所引起的损坏。有些调压器带有内置式的超压保护,而另外一些则需要安装一个独立的放散阀或装配一个用作监控器的调压器。也有专门设计用来处理超压的切断装置。切断阀、放散阀、监控器都被用于超压保护。

随着城市燃气供应规模的扩大,各类燃气用户增多,大中型城市的输配系统往往需要采用三级系统(高压、中压、低压)及多级系统(高压、次高压、中压、低压)才能满足要求。采用三级以上压力级制有利于满足不同用户的压力需求,降低城市内部输配管网的运行压力,增加管网气量调度能力,提高储气的经济性等。多级系统的气源来气压力能够达到城市燃气管网压力的上限4.0 MPa。目前国外一些大城市输配系统普遍采用多级系统,由门站、储配站高压调压站构成城市外环管网,由次高压、中压、低压构成城市的内环管网和支状管网。对于不同级制系统的调压系统,其工艺有所不同。

①一级制系统:一般选用每条支线单台调压器,最少选用2条支线和1条旁通支线的调压系统。

②二级制系统:一般选用每条支线单台调压器,最少选用2条支线和1条旁通支线的调压系统。

③三级制系统或多级制系统:调压系统应根据压差范围不同选用不同的调压工艺。

1)调压站、门站、调压系统的设备选择

(1)调压站

4.0 MPa→2.5 MPa:监控调压器 + 工作调压;

4.0 MPa→1.0 MPa及以下:切断阀 + 监控调压器 + 工作调压器;

2.5 MPa→1.0 MPa:监控调压器 + 工作调压器;

2.5 MPa→0.4 MPa 及以下：切断阀 + 监控调压器 + 工作调压器。

（2）门站

4.0 MPa→2.5 MPa：切断阀 + 工作调压器；

4.0 MPa→1.0 MPa 及以下：监控调压器 + 工作调压器；

2.5 MPa→1.0 MPa：切断阀 + 工作调压器；

2.5 MPa→0.4 MPa 及以下：切断阀 + 监控调压器 + 工作调压器。

2）调压系统工艺流程的调整

当有下列情况时应重新调整调压系统的工艺流程：

①下游为独立管网系统；

②站址比较特殊和设计压力不低于 2.5 MPa 的调压站；

③直供电厂和供热厂的调压站。

应采用切断阀 + 监控调压器 + 工作调压器的调压系统方式。

5.2.3 相关设备在调压工艺中的作用

1）安全泄压装置

安全泄压装置是装设在承压类特种设备上，用以防止设备运行时压力超过规定最大负荷的一种保护性装置。当承压设备或系统在正常工作压力下运行时，安全泄漏装置保持严密不漏，而一旦压力超过规定，则立即自动地把系统内部的气体迅速排出，使设备内的压力始终保持在最高许用压力范围以内。安全泄压装置还有自动报警的功能：当它开放泄时，由于气体流速较高而发出较大的音响，成为设备压力异常的讯号。

安全泄压装置的类型有阀型（安全阀）、断裂型（爆破片、爆破帽）、熔化型（易熔塞）和组合型（阀型与断裂型组合使用）等。在燃气管线中应用最广泛的是安全阀，当管线内部压力超过规定值时，安全阀打开以快速放散压力。

2）切断阀

切断阀是自动化系统中执行机构的一种，由多弹簧气动薄膜执行机构或浮动式活塞执行机构与调节阀组成，用于接收调节仪表的信号，控制工艺管道内流体的切断。

当系统压力超过规定值时，压力关闭或者紧急切断设备就会关闭流量。根据所选择的设备的性能，它往往可能仅对低压条件作出反应，或仅对高压条件作出反应，或者两种情况都作出反应。

3）调压器

监控调压器是用于气体减压系统中的一种紧急设备,也是调压系统中作为超压保护的设备。一个监控调压器和一个用来控制气体流量的调压器(工作调压器)安装在一起。如果工作调压器未能正常工作,监控调压器将取代工作调压器来工作。使用监控调压器的目的就是保护系统,使其在可能的超压时能够继续正常工作。

同时,监控调压器作为主调压器来控制下游压力,其设定压力比工作调压器的压力稍高。在正常状态下,监控调压器是全开的,其检测到的压力比其设定的压力稍低。当下游压力增加(例如某个工作调压器出现故障引起下游压力增加)时,最终压力增加超过设定的公差允许范围,监控调压器就开始工作,将压力调整回其设定的状态。

4）降噪消音器等

门站、输配站、调压站的设计过程中还应考虑到站边界噪声符合现行国家标准《工业企业厂界噪声标准》。

调压站的噪声来源主要有调压器噪声、管道噪声、墙壁反射噪声。

(1)调压器噪声

①调压器内降噪:通常方式为在调压器阀口处加装内置消声器。此类消声器属于小孔喷注消声器,其原理是从发声机理上减小噪声。气体从阀筒内经消声器向外喷注,喷注噪声峰值频率与喷口直径成反比,即喷口辐射的噪声能量将随着喷口直径的变小而从低频移向高频。如果小孔小到一定程度,喷注噪声将达到人耳不敏感的频率范围。

②调压器后降噪:当天然气流出调压器进入下游管道时,由于流速的要求,通常会有一个扩容的过程。气体在这个阶段压力降低且极不稳定,形成大量湍流,从而产生较大噪声(这部分噪声是调压器噪声处理中最需要解决的)。根据节流降压原理,当高压气体通过具有一定流通面积的节流孔板时,压力得到降低。通过多级节流孔板串联,就可以把原来直接排到下游时的一次大的突变压降分散为多次小的渐变压降。噪声功率与压降的高次方成正比,因此把压力突变改为压力渐变,便可以取得消声效果。

(2)管道噪声

①管道内降噪:管道内置式消声器是解决管道噪声的一种消声设备。其主要原理是在天然气通过管道时,在管道内侧设置小孔吸声装置,将声能转化为热能,从而达到消声效果。

②管道外敷吸声隔声材料降噪:吸声材料多为吸声系数比较大的非金属材料,通常为多孔纤维。材料内部有很多互相连通的细微空隙,由空隙形成的空气通道可模拟为

由固体框架间形成许多细管或毛细管组成的管道构造。当声波传入时,因细管中靠近管壁与管中间的声波振动速度不同,由介质间速度差引起的内摩擦使声波振动能量转化为热能而被吸收。

噪声经过吸声处理后,仍有部分以声波的形式向外传播,此时可以包裹高密度阻尼隔声板进行处理。对于不能进行设备改造的在用调压站适用这种降噪方式,此种降噪方法简单易行、成本较低。

(3)墙壁噪声

在调压站建筑结构降噪方面,通常也采用吸声处理和隔声处理方式,这两种方式的目的性和侧重点不同。吸声处理所解决的是减弱噪声在室内的反复反射,即减弱室内的混响声,缩短混响声的延续时间。在连续噪声的情况下,这种减弱表现为室内噪声级的降低。隔声处理则着眼于隔绝噪声从声源房间(站内)向站外的传播。当调压间采取建筑结构降噪时,应同时考虑吸声措施、隔声措施。吸声措施可以改善调压间外环境,隔声措施可以阻止噪声向站外传播,降低调压站外噪声。建筑结构降噪不能起到降低室内噪声的作用。

5.3

管道附属设施的运行要求

管道系统投入运行后应根据管线情况制订运行标准,根据运行情况制订设备维护保养计划。对设备检漏的同时,加强定期维护保养,通过设备的维护保养恢复设备的运行状态,防止发生管道安全事故。

运行标准根据国家标准和所在企业的管理制度制订。

1)国家标准

国家标准:《城镇燃气设计规范》(GB 50028);

行业标准:《城镇燃气设施运行、维护和抢修技术规程》(CJJ 51)。

2)法律法规

《北京市燃气管理条例》,2006年11月3日北京市第十二届人民代表大会常务委员会第三十二次会议通过,并于2007年5月1日施行。

《生产安全事故报告和调查处理条例》,2007 年 3 月 28 日国务院第 172 次常务会议通过,自 2007 年 6 月 1 日起施行。

3)运行标准的制定方法

按照规范化、科学化的要求,形成规范化的、切实可行的《运行工作标准》。

从管网信息和统计资料入手,按管线的压力级制、重要程度、已使用年限、腐蚀程度等因素设置若干等级,按等级实行分级运行管理。

4)运行检查的内容

①各项工艺指标参数、运行情况和系统平稳情况;

②管道接头、阀门及管件密封情况;

③保温层、防腐层是否完好;

④管道振动情况;

⑤管道支吊架的紧固、腐蚀和支撑以及基础完好情况;

⑥管道之间以及管道与相邻构件的连接情况;

⑦阀门等操作机构是否灵敏、有效;

⑧安全阀、压力表、爆破片等安全保护装置的运行、完好情况;

⑨静电接地、抗腐蚀阴阳极保护装置完好情况;

⑩其他缺陷或异常等。

5.4
管道附属设施的维护和检修

5.4.1 设备的维护

①按时巡视检查各连接点有无漏气现象,检查调压器工作是否平稳,有无喘息、压力跳动及器件碰撞现象。如有,应及时排除故障,否则应立即报告主管部门进行抢修。

②巡视中按表格项目记录调压器工作参数,包括进站压力、出站压力,有关运行情况,故障情况及处理方法等。

③清除各部位污物、锈斑。

④检查针形阀、信号管是否畅通,每季清理吹扫一次。

⑤各活动部件涂润滑油脂,保证其活动自如。

⑥保养修理后,须对调压器认真调试,达到技术标准后方可投入运行。

5.4.2　设备的检修

设备的检修是对设备有形磨损的局部补偿,通过设备维修可以恢复设备的生产功能和效率。设备维修按照维修的时间不同分为事前维修和事故后维修。

事前维修即定期维修,按照维修的内容不同分为大修、中修、小修。定期维修的时间间隔应视设备的具体情况而定,影响因素有:所输送气体的气质和清洁度,调压器前管道的状态和清洁度。

对有备用台的调压通道的调压器,可采用不中断供气的维修方式,可采取倒台检修的方式,分别对支路设备进行维修。

习　题

一、填空题

(1)输配站设计应能满足城市用气量的要求,同时具有输气、储气、调峰、调压、_____、_____等功能。

(2)门站和输配站的实际应用中使用最广泛的过程计量仪表包括_____和_____。

(3)超声波流量计具有灵敏度高、精度_____、测量范围宽、压力损失_____等特点。

(4)流量计应定期进行检定,检定周期一般为_____年。

(5)调压器内降噪,通常方式为在_____处加装内置消声器。

(6)管道内置式消声器的主要原理是在天然气通过管道时,在管道内侧设置_____,将声能转化为热能,从而达到消声效果。

二、简答题

(1)绘制出门站的工艺流程图。

(2)简述调压工艺过程中的主要设备及作用。

6 阴极保护系统的运行与维护

6.1

阴极保护系统简介

阴极保护可分为牺牲阳极法(图6.1)和强制电流保护法(图6.2),两种保护方法的原理是相同的。

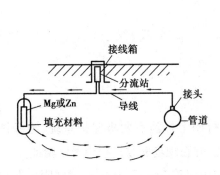

图6.1 牺牲阳极保护法

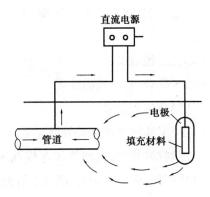

图6.2 强制电流保护法

牺牲阳极法是由一种比被保护管道的电位更低的金属或合金与被保护的管道电连接所构成。在电解液中,牺牲阳极因较活泼而优先溶解,释放出电流供被保护管道阴极极化,实现保护;强制电流法是通过外部的直流电源向被保护管道通以阴极电流使之阴极极化而实现保护。

阴极保护系统通常由绝缘装置、阳极、测试装置、参比电极等组成,强制电流保护系统还包括直流电源。

6.2

阴极保护系统的验收

阴极保护系统的基础资料是阴极保护系统正常运行的根本保证,因此验收环节十分重要,管理单位应在管道验收的同时对阴极保护系统进行验收。

阴极保护系统施工完成后,应对以下参数进行测试:

牺牲阳极阴极保护系统:阳极开路电位,阳极闭路电位,管道开路电位,管道闭路电位;单支阳极输出电流,组合阳极联合输出电流,单支阳极接地电阻,组合阳极接地电阻,埋设点的土壤电阻率。

强制电流阴极保护系统:管道沿线土壤电阻率,管道自然腐蚀电位,辅助阳极接地电阻,辅助阳极埋设点的土壤电阻率,绝缘装置的绝缘性能,管道保护电位,管道保护电流,电源输出电流、电压。

阴极保护系统竣工后,施工单位应向管理单位提供以下竣工资料:

①竣工图(包含平面布置图、阳极地床结构图、测试桩接线图、电缆连接和敷设图等);

②设备说明书;

③产品合格证、检验证明;

④隐蔽工程记录;

⑤竣工验收中测试的数据记录。

在验收过程中,管理单位应核准竣工图和运行图上标注有阴极保护系统、绝缘接头、牺牲阳极、阴极保护站、测试装置的数量和位置,并在现场验收过程中予以验证。

为了后期运行管理的需要,管理单位在接收阴极保护系统后,还需要建立阴极保护系统台账,内容包括管道名称(编号)、长度、管径、压力级制、阴极保护系统安装时间、阴极保护类型、测试装置数量及位置等。

6.3

阴极保护系统的运行

阴极保护系统安装完成后,牺牲阳极(或辅助阳极)、绝缘接头等均埋入地下,运行中可见的设备主要有测试装置(测试桩或测试井)、阴极保护站等。

阴极保护系统的运行可分为日常巡视维护、参数测量、系统维修三部分。

6.3.1 日常巡视维护

阴极保护系统的日常巡视维护是保证阴极保护系统完好的保证,管理单位可根据实际情况确定其周期,日常巡视维护包括以下主要内容:

①查看测试井(或测试桩)周边是否有施工,如有施工应和施工单位沟通,说明地下燃气管线情况,确保阴极保护测试装置的完好无损。

②查看测试井是否有塌陷、井圈井盖是否完好;测试井内是否有积水,该项工作在大雨之后应及时进行,雨季也要适当缩小运行周期,防止测试装置长期浸泡在水中;同时要查看测试装置是否被杂物掩埋,如有上述情况应及时清理积水及杂物。

③查看测试桩金属帽是否生锈,定期开启活动并采取相应防锈措施,如涂抹黄油等。

④对强制电流阴极保护系统,记录恒电位仪系统电压、发射电流和给定电位,并进行记录。

6.3.2 参数测量

对运行人员来说,阴极保护系统需要测量的参数并不多:牺牲阳极保护系统只需测量管道保护电位;强制电流保护系统除管道保护电位外,还需对恒电位仪系统电压、发射电流和给定电位进行测量。

管道保护电位是评价阴极保护系统是否正常有效的重要参数(管道保护电位在 $-0.85 \sim -1.5$ V 为合格),国家相关技术标准规定其测量周期为每年不少于 2 次。现在随着城市电气化建设的不断发展,土壤中杂散电流呈明显上涨的趋势,埋地钢质管道的电化学腐蚀速率也随之明显上涨,在腐蚀环境恶劣的地段,管道有可能在半年左右的时间就出现腐蚀穿孔,因此,在有条件的城市,可适当缩短管道阴极保护电位的测量周期。

强制电流阴极保护系统中的系统电压、发射电流和给定电位等参数均在恒电位仪表盘中有显示,运行人员需每天进行抄录。

6.3.3 系统的维修及更新

阴极保护测试装置一般都设置在道路、绿地内,损坏在所难免。管理单位发现测试装置损坏后应及时进行维修。维修内容包括补装丢失的测试桩帽子或测试板,修砌塌陷的测试井,更换失效的长效参比电极,补充牺牲阳极等。

对检测出管道保护电位不合格的阴极保护系统,需做进一步检测,分析判断出保护电位不合格的原因,采取相应的措施(如补充阳极,更换长效参比电极,管道搭接处置等)进行修复。

阴极保护系统更新前要进行系统评价,确认阴极保护系统失效后要及时进行更新改造。实施更新前应进行详细的前期调研,针对需保护管道及与周边管道阴极保护系统实际情况,制订出切实可行的更新改造方案。

习 题

一、填空题

(1)阴极保护可分为_____和_____。

(2)阴极保护系统通常由_____、_____、测试装置、参比_____等组成

(3)管道保护电位是评价阴极保护系统是否正常有效的重要参数,通常数值介于_____为合格。国家相关技术标准规定其测量周期为每年不少于_____次。

二、简答题

简述阴极保护系统的分类及其工作原理。

7　生产调度

核心知识

- 监控与数据采集系统
- 地理信息系统
- 调度管理
- 气质标准
- 计量管理
- 调度指令

学习目标

- 了解城市燃气输配管网生产调度系统的构成
- 了解监控与数据采集系统的组成和运行流程
- 熟悉天然气气质国际、国内标准
- 门站计量管理
- 了解管网工况分析的内容与要求、工况调整管理
- 熟悉调度指令发布前的要求

7.1

生产调度系统结构

城市燃气输配管网的主要作用是向用户供气。燃气输配管网的运行主要包括两个方面:其一,是向用户供气时用于收费的各种耗气量计算系统的运行;其二,综合考虑输配管网运行管理的安全性、准确性和供气的成本效益,输配管网的运行必须获得更多的管网信息,研究更好的控制管理方法,逐步建立和完善监控与数据采集系统(SCADA,Supervisory Control And Data Acquisition)、无线通讯系统、地理信息系统(GIS,Geography Information System)、应急指挥系统、负荷预测系统和管网仿真模拟系统等用于生产调度的系统平台。

7.1.1 城市燃气输配管网生产调度系统的构成

国际化标准组织(ISO)提出,现代化的控制和管理系统应以 5 个层次的通用模型为基础,每一个等级所具有的特性为:

等级 1——现场接口;

等级 2——地区性控制;

等级 3——整体控制;

等级 4——应用;

等级 5——管理。

现代城市燃气输配管网生产调度系统也是在这 5 个层次的模型基础上构建的。对燃气输配管网生产调度系统而言,等级 1 和等级 2 可以整合在一起成为地区性的现场远端站(RTUs,Remote Terminal Units)。等级 3 是系统的核心,是更高的等级与过程等级(等级 1、2)的分界线。

应用等级(等级 4)包括所有的模拟软件包,优化、预测和模拟仿真技术以及 GIS 系统。管理等级(等级 5)是远程系统中要达到的最终目标,可反映出燃气输配系统的整体技术经济水平。

7.1.2 生产调度系统(硬件和软件)的要求和目标

在城市燃气的生产调度系统中,SCADA 系统是优化运行的最重要部分,它将收集现场的所有数据,使操作人员能用最经济的方法开展工作。

燃气管网传统的 SCADA 系统集中在监控管道沿线设备,包括各种场站在内的远端项目。从地区性的属于等级 1、2 的远端站(RTUs),通过各种可能利用的通信媒体将信息集中到等级 3 的中央计算机系统(Central Computer System)作为运行的基本依据。系统也允许远端控制设备对所收到的信息作出回应。

当今先进的管网运行生产调度系统是将传统的 SCADA 系统和应用软件(等级 4)联系在一起,向管理系统(等级 5)提供长期的各类信息。

(1)应用等级系统的内容

①气量平衡软件;

②模拟软件包;

③预测软件包;

④优化软件包;

⑤实现模拟技术;

⑥GIS 等。

(2)管理等级系统的内容

①长期的数据档案;

②与不同数据库相连接的开放系统,如用户信息系统(CIS,Customer Information System)、气象信息系统等;

③对各类报告的编制、安全程序、用工时间表、多种现场服务的协调等,达到可用不同的整体管理支撑系统的软件包;

④文件控制系统;

⑤财务软件包等。

7.1.3　监控与数据采集系统(SCADA)

1)概述

如何安全经济地运行日益复杂的燃气管网设施,充分利用管网设施的能力和条件,是现代燃气企业的一项主要任务。其中,输配管网的运行效率是影响经济效益的一个重要因素。运行效率的提高主要反映在是否能及时地从系统取得信息及系统反馈运行的情况等方面。

(1)SCADA 系统

目前我国的各大燃气公司均已建立了 SCADA 系统,并已运行了多年;但是,最先进的 SCADA 系统应满足以下条件：

①开放系统的结构应能整合第三方（即燃气公司各个部门）提出的软件和硬件；

②有不断整合管理系统的能力；

③有整合模型和过程分析软件包的能力；

④有整合已有控制中心和遥测次级系统的能力。

（2）SCADA 系统基本组成

SCADA 系统的组成一般包括：

①控制中心（Control Centre）；

②通信网络（Communication Network）；

③远端站（RTUs）。

2）现场的接口和地区控制

燃气系统的运行必须依靠现场取得的信息数据。对远端运行系统必须考虑下述两个主要因素：一是远端装置与现场仪表的接口，二是通信网络。

远端装置从简单的外部站（Outstation）到智能远端站（RTUs）有不同的种类。有的远端站（RTUs）仅作为收集信息以备进一步传送，控制中心得到信息后，可以通过智能远端（Intelligent RTUs）实行地区的控制。

（1）简单的外部站

简单的外部站无附加的智能控制能力，通常只能处理有限数量的过程数据，如展示阀门的位置、阀门的指令、压力、温度以及一些阴极保护的数据。对这类远端站应提供以下接口：

①可直接从现场计量仪表中获得数据；

②从第三方的设备（如流量计算机）中获得数据；

③程序逻辑控制器（PLCs，Programmable Logic Controllers）；

④其他的遥测站（Telemetry Stations）。

（2）智能远端站

智能远端站是和遥测远端站以及程序逻辑控制器联合在一起的。智能远端站的范围很广，种类很多：最简单的可以做一些输入数据的计算或处理独立程序的顺序；最复杂的可以控制整个燃气站，可以通过自动控制现场仪表执行启动和关闭顺序，监控相应的次级站并可做过程的优化控制（如电耗优化控制）以及作出必要的指令。智能远端控制是燃气系统运行的趋势。

 **知识拓展**

　　智能远端站的 RTU 应有模块结构,模块可从配置最简单的数据采集装置开始,直到能管理复杂现场的大功率 RTU。所有 RTU 的基本配置应包括以下模块:

　　(1)电源供应

　　电源供应模块应具备在更换电池时保护系统不被破坏,在缺电时向中央控制中心发信号的功能。

　　(2)中央处理机(CPU,Central Processor Unit)

　　中央处理模块应包括:

　　①微处理机;

　　②储存系统软件的可编程序只读存储器 EPROM;

　　③对数据和系统参数的随机存取存储器 RAM(通常用锂电池);

　　④为应用和配置软件用的 FLASH 存储器;

　　⑤至少应有两个系列的接口:RS232 或 RS485;

　　⑥有实时钟、监视器和 LED 显示。

　　CPU 模块控制可指挥所有的 RTU 元件。如有需要,系列接口可作为特殊显示、模拟盘和打印机的接口,也可用于第三方的协议。

　　(3)通信装置模块

　　在中央处理模块中使用系列接口可允许广泛地选择适合通信媒体的通信模块。模块的选择应考虑以下通信方式:拨号线路,租用线路,私人线路,无线电。

　　最后究竟选择何种方式取决于地方通信媒体的效率和经济因素。

3)中央计算机监控的控制系统

计算机控制系统已成为燃气管网运行系统(等级 5)的核心,其主要任务是从现场收集信息以行使管理功能。主控中心(MCC,Master Control Centre)是 SCADA 系统最主要的部分,该处集中了整个燃气系统的全部信息,是燃气管网运行调度的决策中枢。

(1)运行功能

SCADA 模块的软件装置应能提供下列运行功能:

①数据可共同使用(实时的和历史的);

②数据的存储和取出;

③报警和事故处理;

④控制处理:准备,有效和执行;

⑤通信的管理;

⑥发展趋势和建档;

⑦安全性与处理。

(2)可视化以及工程的功能

①数据库的配置;

②图形的编制;

③诊断。

(3)其他功能

①对系统的运行和工程人员应提供一定数量的工作站,为运行人员提供整个系统当前活动的所有信息。数据及数据的变化可直接在工作站的屏幕上观察到,并可同时作记录,以便运行人员能迅速作出反应。

②与第三方现场设备有关的多种协议模拟程序应易于联合在一起,以形成一个开放系统;同样,软件模块也应易于装入种类繁多的有效商业硬件和软件平台。

③多余的结构和服务器可保证系统的允许失效率。当一个服务器或通信通道失效时,多余的一个就成为后备的保险,防止数据在系统中丢失。

④SCADA 系统中的实时数据库和历史数据库均应支持开放数据库的连接标准。实时数据库应具有联结相关模块程序结构的灵活性,且具有层次结构的效率。标准 SCA-DA 软件模块装置应包括软件的有效性在内。只有保证了 SCADA 的所有现场数据的有效和准确,等级系统的软件模型才能很好地应用。

4)应用软件

应用软件是现代化控制和运行系统中的高等级部分,利用现代化的技术解决燃气输配系统中的深层次问题,国外相关软件开发速度很快,各种类型的应用和管理软件不断更新。为不断适应新的动态,需要我国燃气工作者不断努力和创新,从而使我国的燃气输配系统达到较高的水平。

（1）燃气管网稳定状态的模拟软件包

燃气供应和配气管网的规划和设计需要有合适的管网分析工具。在取得符合实际的、有一定准确性的耗气负荷数据的基础上，就可求得高峰负荷和所需的管网能力，并作为日常运行和规划、设计工作的依据。

传统的管网分析是在调查的某一时间恰好相当于规定的耗气条件下管网的工作状况。管网模拟则是管网分析的延伸，可以在一个模拟时间段内描述管网的运行状况。因此，管网模拟实质上是在一定的模拟时间段内管网分析的一个系列，它考虑了耗气效应和相对应的设施状况（管道、调压器和阀门等）。管网模拟可以演示管网分析的所有功能，只要确定一个模拟时段即可。总之，管网模拟是一项完善的技术，可以帮助燃气工程师理解燃气管网的特性。它是供气和配气管理的十分重要的部分，其主要用途有：

①新建系统的设计和旧有管网的增强；

②评估管网的能力；

③地区性计量方案的设计，用作漏气控制；

④压力控制方案的设计；

⑤为调查燃气的流动轨迹、用户的耗气量和管道的变化状况等提供信息。

稳定状态的模拟程序应实现三个基本功能：数据的输入和一致性校核，模拟计算，结果检验。

（2）地理信息系统（GIS）

GIS 通常用于设有数据库的计算机系统中，包括在地图上作图像信息的显示和特性数据的补充，便于实行综合分析，进行有效的维护管理和优化设计，在燃气管道的安装中可以提高服务质量和安全水平。

通过 GIS 可以实现燃气管网的动态管理，为城市燃气规划、管网管理、燃气事故预防及突发事件的处理等迅速、准确地提供管网的相关数据。通过应用先进的计算机网络、通信技术、地理信息技术建立强大的网络系统平台，可以实现燃气管网的规划设计、输配管理、图档管理、抢修辅助决策、燃气用户管理及综合查询、统计等功能，各管网相关部门可以在各自部门同时查阅管网信息，以提高管网信息利用的效率。

（3）预测软件

为了保证在所有的时间内均能向用户供气，准确预测燃气的耗气量是十分必要的。预测工作包括三个不同的时间段：小时预测用来保证供气和耗气的匹配和系统的监控；日预测是为了使燃气设施可以经济地运行并保证安全供气；周预测、月预测是为了平衡和协调城市用气计划和上游生产供应计划。对于长输管线供应的城市，负荷预测的基本原则是"日指定,周平衡,月计划"。

燃气主要用作采暖时,气候条件对用户耗气量的影响很大。在每一供气日的开始,地区耗气量的调节要考虑到次一日的耗气量,这可看作输气系统耗气等级的变化。耗气量在一周内也有变化,与一个地区的生活方式有关。周负荷图有时甚难观察清楚,因为气候对耗气量的影响甚大。为获得准确的耗气量预测值,首先需要有每一地区气候条件的准确预测数据。耗气量的变化是随机的,预测的方法很多,但要做到准确则很难,尤其是在燃气应用的快速发展时期。

(4)优化软件

燃气管网的优化有许多方面,对配气管网而言,近年来许多国家认为运行成本的最小化来自节点压力的优化,其目标是使漏气量减至最小,因此各国都在研究压力与漏气的统计关系。

中压和低压系统通常由一个地区性的中心进行遥控:一些特殊调压器的设定点可灵活变化以满足管网当时负荷的需要;也可以个别设定,以满足一定时间周期内的负荷要求。在后一种情况,配气工程的经验是基于保证供气量能满足需要而又不违反管网的限制条件。通常,这意味着设定点的确定常按高峰耗气量来考虑,我国当前就是采用这一方法,这样做的结果是管网常在高漏气率的条件下工作。主要的防止方法是用时钟或自动控制的办法在低耗气量时段内降低节点的供气压力。而先进的调压器设计有这样的功能。

管网分析程序可看作是配气工程的一个工具,用以计算一个管网在已知耗气负荷、气源条件和调压器设定值条件下稳定状态的压力和流量。设定值通常根据经验和管网的负荷特性图选择,在一定的范围内可以是随机选取的,但必须保证任何时间内管网的压力不能低于规定的最小值。在考虑建立漏气模型时,计算方法的研究不仅是为了达到上述目的,同时还应减少漏气率和推荐新的气源(调压器)设定值。

为了计算不同负荷等级下的漏气率和调压器的设定值,需要建立一些简单的漏气模型。在一些特定管道连接处的漏气率取决于和管道相关的许多因素,如:

①管道节点处燃气的压力;

②管径;

③接口的使用年限;

④接口的类型;

⑤管材。

在大型配气管网的建模中,相应一根管道节点的漏气量应根据统计数据确定。但漏气量与节点的压力和管道的长度(以节点编号为序)有关,漏气模型通常还假设通过管道为一均匀的漏气率,这对由同一材质的,有相同使用年限、相同管径和接口类型的管道是适用的。总之,利用模型确定总漏气量时,应根据实际情况进行修正。

根据漏气模型,就能以减小漏气量为目标,根据耗气量的变化优化供气量(调压站)的设定压力。许多国家对此已做了大量工作。

(5)管理软件

在管理等级中,配气公司需要注意安全、质量、经济和财务等方面的平衡,以满足用户的需要。远程系统是达到这一目标的主要工具。

配气系统远程运行的主要优点有(体现在实时性、安全性、准确性和服务保障四方面):

①减少处理的时间;

②有效地处理供需之间的平衡;

③发生故障时改进供气的安全性;

④更好地管理卖方和买方的合同(远程计量);

⑤容易编制工业和大用户的账单;

⑥收集必要的耗气数据以利于做好进一步的发展规划;

⑦减少不必要的运行工作;

⑧防止和控制易发事故;

⑨改进检测和处理速度;

⑩做出迅速和正确的诊断;

⑪防止易发事故的进一步升级;

⑫远程监控燃气管网;

⑬保证实时监控和故障处理;

⑭易于取得管网运行中的可靠信息;

⑮保证更为可靠的用户服务;

⑯对用户提供事故服务的管理。

7.2
生产调度管理

城市燃气企业生产调度管理的范围基本上是从城市门站、储配站、调压站以及燃气管线到用户,并基于此构造了燃气企业的运营流程。

生产调度就是通过管网运行状况的监控分析及调整、气源协调、紧急情况的应急指挥,使整个输配系统保持平稳状态,从而为用户提供高质量的供气服务,减少输配过程中的损失,最大限度延长管网的使用寿命,保证输配系统的安全运行,最终提高企业的经济效益。

生产调度是燃气运营的关键工作。涉及与上游的气源协调、气质的监测、燃气设施的工况调整和应急处置等各个方面。先进合理的生产调度是安全稳定供气的根本保证。

7.2.1 门站气质的监测和计量管理

天然气的气质标准是根据天然气的主导用途,综合考虑经济利益、安全卫生和环境保护三个方面的因素而制定的。天然气输配系统质量管理的主要目标就是在保障社会效益和安全生产的前提下,取得最佳的经济效益。

1)天然气气质国际标准概况

国际标准化组织(ISO)于1998年制定了国际标准 ISO 13686《天然气——质量指标》,对管输天然气所涉及的控制参数(即组分和性质)做出了规定,但未规定这些参数的具体数值和范围。该标准指出,这些控制参数包含三类指标:一类是与经济利益密切相关的各类参数,如组分与发热量等;第二类是与安全环境卫生密切相关的参数,如硫化氢、总硫等;第三类是涉及管道安全运行的参数,如固体颗粒、水和液态烃类等。

物理性质
- 气体组成
  - 大量组分(8个):甲烷、乙烷、丙烷、总丁烷、总戊烷、C_{6+}、氮、二氧化碳
  - 少量组分(5个):氢、总不饱和烃、氧、一氧化碳、氦
  - 微量组分(5个):硫化氢、硫醇、羰基硫、总硫、水分
- 物理性质
  - 发热量和华白指数(Wobbe Index)
  - 相对密度
  - 压缩因子
  - 露点
- 其他性质
  - 在交接温度、压力下不存在液相的水合烃类
  - 固体颗粒含量不影响输送和利用
  - 存在的其他气体不影响输送和作用

2)我国天然气气质标准

参考 ISO 13686《天然气——质量指标》的规定,并结合国内天然气工业现状,我国于

1999 年发布了强制性国家标准《天然气》(GB 17820—1999),其技术指标如表 7.1 所示。

表 7.1 我国天燃气技术指标

项 目	一 类	二 类	三 类
高位发热量(MJ/m³)		>31.4	
总硫(以硫计)(mg/m³)	≤100	≤200	≤460
硫化氢(mg/m³)	≤6	≤20	≤460
二氧化碳(体积分数)(%)		≤3.0	
水露点(℃)	在天然气交接点的压力和温度条件下,天然气的水露点应比最低环境温度低 5 ℃		
在天然气交接点的压力和温度条件下,天然气中应不存在液态烃			
天然气中固体颗粒含量应不影响天然气的输送和利用			

注:气体体积的标准参比条件是 101.325 kPa,20 ℃。

为了延长天然气长输管道的寿命,保证长输管道的安全运行,中国石油天然气股份有限公司与管道专业标注化技术委员会在 2001 年组织制订了企业标准《天然气长输管道气质要求》(Q/SY 30—2002)。该标准对长输管道输送的天然气气质提出了比 GB 17820—1999 更严格的要求,其技术指标见表 7.2。

表 7.2 天然气气质要求

项 目	气质指标
高位发热量(MJ/m³)	>31.4
总硫(以硫计)(mg/m³)	≤200
硫化氢(mg/m³)	≤20
二氧化碳(摩尔分数)(%)	≤3.0
氧气(摩尔分数)(%)	≤0.5
水露点(℃)	在最高操作压力下,天然气的水露点应比最低环境温度低 5 ℃
在管道工况条件下,应无液态烃析出	
天然气中固体颗粒含量应不影响天然气的输送和利用,固体颗粒的直径应小于 5 μm	

注:气体体积的标准参比条件是 101.325 kPa,20 ℃。

3)门站气质管理的目标和要求

目前国内城市燃气的气质应符合国家二类天然气要求。满足城市燃气的气质要求,一方面能保证输配管网的安全稳定运行,另一方面也满足了燃气用户的使用要求,使燃气企业的经营效益得到保障。因此,门站气质的管理意义重大。

(1)保证输配系统的长期稳定运行

保证输配系统的长期安全运行是门站气质管理的重要目标之一,没有输配系统的稳定运行,就不能保证环境效益的发挥和经济利益的实现。防止有害物质例如硫化氢、总硫、二氧化碳、水、固体颗粒、潜在液烃等物质所造成的安全危害是保证输配系统长期安全运行的关键。天然气中硫化氢、二氧化碳均对金属材料具有腐蚀性,尤其在有游离水存在的情况下会加重腐蚀,严重时导致管线破裂引发事故。因此,在门站气质管理中,应随时监控天然气中硫化氢、二氧化碳和水的含量,发现气质不符合要求应立即向上游反映、交涉,及时解决问题。

(2)经营上达到最佳成本和效益

天然气输配系统气质管理的另一个要求是,在保障用户需求和期望的前提下,保证燃气企业在经营上达到最佳成本和效益。

目前由于我国普遍采用体积方式计量,天然气作为商品的重要技术经济指标——发热量与经济利益之间的关系尚未凸现出来。但随着天然气能量计量的逐步推广,发热量测定的准确性将与体积计量的准确性一样,直接与经济利益挂钩。尤其是天然气作为民用气、车用燃料时,从气质管理的角度还存在发热量的调节问题。并且,从燃烧的角度考虑,当城市门站存在多种气源时,存在华白指数的控制与调节,所有发达国家在气质管理中对此均有明确规定的指标,但目前我国尚未制定相关标准。门站气质管理的过程中,一旦有任何新增气源即将进入城市燃气门站,气源供应公司有义务向城市燃气供应企业提交气质和互换性分析报告,以确保用户的正常使用。

准确测定各项天然气气质指标也是准确计算天然气物性参数的关键,而后者又是天然气体积计量或质量计量的基础。国家标准《天然气计量系统的技术要求》(GB/T 18603—2001)对不同输气量的计量站规定了必须开展的分析测试项目及其准确度的要求。

(3)充分发挥环境效益,减少污染物的排放量

天然气中的硫化氢、总硫、二氧化碳、汞和放射性物质的含量是与环境效益密切相关的重要指标,门站气质管理过程中应密切监控关注。

知识窗

华白指数：表示热负荷的参数(发热指数)。

具有相同华白指数的不同的燃气成分，在相同的燃烧压力下，能释放出相同的热负荷。

低华白指数是被测燃气的净热值除以相对密度的平方根。

高华白指数是被测燃气的总热值除以相对密度的平方根。

4) 门站的计量管理

目前国内城市燃气门站的计量基本上都是按天然气体积进行结算。门站计量属大宗天然气贸易计量，直接关系到企业经济效益，因此，保证门站计量数据真实、准确、有效，计量设备正常稳定运行，保证与上游供气公司的计量差保持在合理范围内，避免因误差过大而产生严重损失，是燃气企业门站计量管理的核心。

(1)计量管理的主要任务

①接收上游提供的天然气，对所接收的天然气组分进行检测；

②对所接收的天然气体积量值进行计量；

③对即将进入城市输配管网的天然气进行加臭；

④对上游计量设备和数据实施有效的监督校核；

⑤对门站计量设备按国家标准进行定期标定。

(2)门站计量设备的构成

一般情况下，城市燃气门站的计量设备主要包括天然气气体(超声波)流量计、流量计算机、温度变送器、压力变送器以及气质分析仪表。其中，气质分析仪表含在线气相色谱分析仪、硫化氢分析仪、天然气水露点检测仪等仪器。

(3)门站计量设备和天然气加臭的管理要求

①城市燃气门站运行值班人员，应按要求定期巡检计量线和气质分析仪表，并做好巡查记录，以便在发现问题时能及时与生产调度中心和上游供气公司沟通解决。

②城市燃气门站和上游供应公司末站的贸易计量系统，应按照国家计量检定规程

的要求,定期进行强制检定,并取得相应的检定证书。用于贸易计量的流量计量系统周期检定,应按照该系统所涉及的计量仪表各自的检定证书所确定的检定周期执行。检定单位必须具有国家认证或授权进行(天然气实流)检定的资质。

③在线气相色谱分析仪的自动校准周期通常为一周一次。生产运营部门根据运行情况对在线气相色谱分析仪自动校准周期的合理性进行分析,发现设置不合理或不满足要求时,应及时对相关参数进行重新设置和修改。

④城市燃气门站接收的天然气在进入城市输配管网前应进行加臭。门站天然气加臭用量依据 GB 50028—2006 标准中的规定,天然气加臭剂(四氢噻吩)用量为(25 ± 5) mg/m³。城市燃气企业应在管网供应末端合理设置检测点,定期检测天然气加臭量是否达标,以保证燃气在发生泄漏时能及时发现。

7.2.2　管网工况的管理

近年来随着我国经济的快速发展,天然气作为一种清洁燃料在能源中所占的比例正在加大,西气东输工程、中亚天然气的引进,为国内天然气的利用提供了更多气源。城市输配管网作为长输管线的终端,由于燃气用户的类型不同、城市规划和建设的重点区域的用气规模不均衡以及相关配套设施的建设等原因,城市燃气输配管网的建设也存在着一定的不均衡性。因此,加强燃气管网的调度管理,合理有效地利用燃气管网设施,进一步优化管网运行工况,是城市燃气企业生产调度的一项重要任务。实施这项任务的关键部门就是生产调度中心。

1)生产调度中心的职责和任务

(1)生产调度中心的基本职责

①利用 SCADA 系统对管网运行工况进行不间断监控分析,必要时对管网工况进行调整,保证管网的安全合理运行;

②协调上游气源供应及下游用户用气;

③调动指挥抢险人员进行险情处理。

(2)生产调度中心的基本任务

①负责企业每日、月、季、年用气量的计划预测与气量平衡;

②各类紧急情况的应急指挥和调度;

③负责带气作业的协调和监督考核;

④负责气源协调、气量采购合同的签订、用气计划的衔接和气量结算工作,上下游关系协调和维护。

生产调度中心系统平台运作架构如图7.1所示。

2) 管网的工况分析和调整

(1)工况分析的内容和要求

①在进行日常调度监控工作的同时,要结合当日天气和同期对比情况,注意分析总结高峰和低谷时段各门站及各级调压站(箱)的工况变化规律,并就气温、风力、雨雪等气候因素对管网工况的影响进行分析总结,寻找其变化规律。

②在进行工况调整的过程中,要注意分析总结调压站(箱)启、停所引起的工况变化以及对管网整体和局部流量、压力的影响。

③对用气量较大的用户(特别是新发展大用户),要密切关注其运行的数据,了解其设备运行、启停变化情况,分析并掌握其用气量和压力数据变化规律。

④对季节性的用气变化和计划作业,可利用管网仿真模拟软件进行模拟预测,结合实际管网情况总结季节性的工况变化规律,并对计划作业涉及的工况调整方案进行校核。

(2)工况调整管理

①在利用 SCADA 监控系统进行管网运行监视,发现系统报警时应认真分析报警原因,在核实管网运行工况出现流量、压力异常时,应按照规定的权限申请或发布调度指令,派运行人员到现场进行工况调整。

②在审核生产作业计划时,应注意生产作业对工况调整的要求,在保证正常供气的前提下,制定相应的工况调整方案(说明调整原因、目的、涉及的调压站(箱)、管线和阀门、应急措施),并在作业实施前按照规定的权限申请或发布调度指令。

③根据季节供气变化特点和设备维修周期编制调压站(箱)和燃气管网设施的维检修计划,在检修计划实施前进行必要的工况调整,保证管网的正常供气。

④工况调整过程中,要通过 SCADA 监控系统密切监视现场情况,与现场运行人员保持联系,发现问题及时处理。现场操作人员应严格按照调度指令所要求的工况参数进行调整。

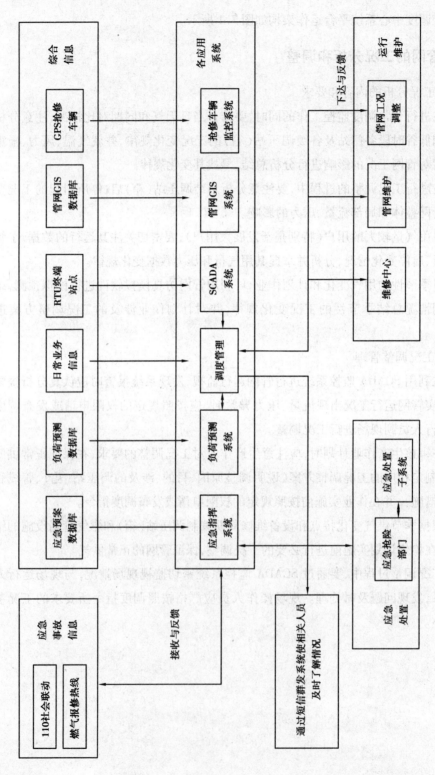

图7.1 生产调度中心系统平台作动作架构示意图

7.2.3 调度指令的管理

调度指令是燃气企业生产调度中心按照规定的权限对所属燃气管网设施的工况调整、生产作业及应急处置所下达的指令。

1）调度指令发布前的要求

调度指令是调度系统指挥生产的重要手段,为保证调度指令的严谨和科学,发布前应注意以下几个方面:

①核实关键阀门的运行状况,确认管网运行工况的调整是否影响该区域的正常供气,是否制定保证正常供气的措施及采取的措施是否合理。

②核实调压站(箱)停运对管网负荷的影响,在运调压站是否能满足供气负荷,以及其所带下游调压站(箱)、用户供气是否受到影响。

③对涉及贸易计量的门站、调压站(箱)的过滤器组、调压线路、计量线操作前,应充分考虑操作是否对计量线计量精度造成影响。

④调压站(箱)启用、停运、调整工况以及计划作业,应制订方案报生产调度中心审核。

2）调度指令的签发、执行和反馈

（1）调度指令的签发

根据燃气管网生产调度及应急处置具体任务目的,由当班值班长按照相关内容要求起草书面调度令。书面调度令起草完毕后,应进行工况审核并按权限批准签发执行。遇节假日或非工作时间内签发调度指令,须向具有批准签发权限的领导进行电话汇报,经口头批准后方可下发执行,事后由批准人补签书面文件。

（2）调度指令的执行和反馈

①受令单位收到调度指令后,要严格按照指令的内容、时限等相关要求组织执行,并将现场执行情况和最终执行结果立即以书面或口头形式反馈至发令调度机构。

②涉及有多家单位参与配合的生产作业和应急处置,由现场指挥部将现场执行情况和最终执行结果及时反馈到生产调度中心。

③遇有调度指令执行延续到下一班调度人员的情况,要在交接班过程中着重说明,并在重要事项栏目中注明保留相关信息,直到调度指令执行完毕。

④调度指令执行过程中,调度值班人员要随时观察所涉及燃气设施压力、流量等各项监控数据,并及时与现场取得联系了解执行情况,必要时根据现场情况对运行参数进

行调整。

⑤启动过滤器组、调压线路、计量线时,现场运行人员应待设备运行正常,接到调度指令后方可撤离现场。

⑥新建或停运时间超过 6 个月以上重新投运的调压站(箱),投运初期应值守 24 小时确保无异常,现场值守人员在接到调度指令后方可撤离现场。

⑦停运时间在 6 个月(含)以下重新投运的调压站(箱),再次投运,应值守一个午高峰或晚高峰确保无异常,现场值守人员在接到调度指令后方可撤离现场。

 习 题

一、填空题

(1)我国天然气气质标准规定天然气的高位发热量不低于_____ MJ/m³。

(2)目前国内城市燃气的气质应符合国家_____类天然气要求。

(3)目前国内城市燃气门站的计量基本上都是按天然气_____进行结算。

(4)城市燃气门站的计量设备主要包括天然气气体流量计、流量计算机、温度变送器、压力变送器以及_____。

(5)门站天然气加臭用量依据 GB 50028—2006 标准中的规定,天然气加臭剂(四氢噻吩)用量为_____ mg/m³。

二、简答题

(1)天然气气质的控制参数包括哪些指标?

(2)简述调度指令发布前的要求包括哪几方面。

8 生产作业

■ **核心知识**

- ■ 手工降压接线、切线
- ■ 不停输接线、切线

■ **学习目标**

- ■ 了解手工降压接线、切线的实施步骤及技术要点
- ■ 熟悉燃气管道不停输接线作业的主要设备及其作用
- ■ 了解管道不停输接线、切线的实施步骤及技术要点

8.1

燃气管道手工降压接线、切线作业

8.1.1 燃气管道手工降压接线作业

1)手工降压直碰接线操作规程

手工降压直碰接线操作规程如下：

①手工降压直碰接线作业必须制订作业方案,根据规定逐级审批,并对参加作业人员进行方案交底。明确参加作业人员的分工,明确现场安全员。

②根据作业等级,必须持有相应部门开具的动火证及有限空间作业票方可作业。焊工要穿戴焊工工作服及防护用具,其他作业人员穿防静电工作服、鞋。

③作业前,应核对接线任务单和管线资料,检查并了解新建管线的设备技术状态及确认管线末端放散点。

④检查工作现场安全操作条件和消防器材以及作业坑是否规范。

⑤备好通信器材。

⑥检查所有工具、器材、仪器仪表、设备和防护用品的准备情况。

⑦现场设警戒区,放置警示牌,夜间设警示灯,并设专人看护。污染区内需使用防爆灯照明。

⑧作业应设置临时作业现场指挥部,由作业现场指挥部统一指挥。

⑨作业降压区域内应有补气气源和放散降压、压力观测装置。

⑩作业压力控制一般在 50 ~ 200 Pa。

⑪带气接线动火前,先将电位平衡线对接于原燃气管线和新燃气管线之间进行电位平衡。

⑫管道开天窗时,焊工持割炬在原燃气管线上沿天窗边缘线向天窗盖中心点45°角进行切割,灭火人员带蘸水手套随焊工切割随时灭火,当切割超过天窗 2/3 时停止切割,熄灭割炬,灭火后利用铅丝捆绑天窗,之后继续切割,直到距始点 2 ~ 3 mm 时停止切割,灭火、冷却。

⑬将压力升至置换压力时掀天窗盖,作业人员佩戴防毒面具,现场严禁一切火种,必要时实施临时交通管制。

⑭利用防爆工具掀起天窗盖,打胆砌墙(必须采用特制球胆,隔断气源,球胆内气压要适当,不得超过球胆额定压力,球胆由隔墙加以固定,隔墙要严密),压力降至作业压力时,检测天窗内的隔墙是否有燃气浓度,如合格可进行切管、下料、预制、对管,焊接新管。使用焊条型号应与管道钢材型号相匹配。

⑮焊接完毕后,将作业压力调整为置换压力。作业人员佩戴防毒面具,现场严禁一切火种,必要时实施临时交通管制。拆除隔墙,撤出球胆,将天窗盖恢复原位,利用铅丝进行捆绑,粘泥密封,同时对新线进行置换,利用燃气直接置换新管内空气,使用取样球胆在管线末端放散点取样,点火检测,合格后将压力降至作业压力,焊接天窗。

⑯压力级制为中压以上或管径 DN400(含)以上的直碰接线天窗,应加焊补强天窗盖。

⑰焊接完毕后,焊道自然冷却,逐步升压用肥皂水检测,如发现漏点应重新降压补焊,再次逐步升压用肥皂水检测,直至合格。

⑱作业现场指挥部向调度室报告作业结束。

⑲测绘单位进行接线点测量。

⑳管理单位对作业点除锈防腐、警示带、信息球和作业坑回填进行检测验收。

2)手工降压三通接线操作规程

手工降压三通接线操作规程如下:

其规程①~⑬条同"手工降压直碰接线"规程。

⑭利用防爆工具掀起天窗盖对接接线短管(该短管事先预制并焊接固定装置,若异径接线时可事先预制套袖式短管),之后进行粘泥密封焊缝,同时对新线置换,利用燃气直接置换新管内空气,使用取样球胆在管线末端放散点取样,点火检测,合格后将压力降至作业压力进行焊接。使用焊条型号应与管道钢材型号相匹配。

⑮焊接完毕后,焊道自然冷却,逐级升压用肥皂水检测,如发现漏点应重新降压补焊,再次逐级升压用肥皂水检测,直至合格。

⑯作业现场指挥部向调度室报告作业结束。

⑰测绘单位进行接线点测量。

⑱管理单位对作业点除锈防腐、警示带、信息球和作业坑回填进行检测验收。

8.1.2 燃气管道手工降压切线、改线作业

1)手工降压切线操作规程

手工降压切线操作规程如下:

①手工降压切线作业必须制订作业方案,报上级有关部门审批,并对参加作业人员进行方案交底。明确参加作业人员的分工,明确现场安全员。

②根据作业等级,必须持有相应部门开具的动火证及有限空间作业票方可作业。焊工要穿戴焊工工作服及防护用具,其他人穿防静电工作服、鞋。

③作业前,应核对切线任务单和管线资料,检查并了解待废弃管线的设备技术状态及确认管线末端放散点。

④检查工作现场安全操作条件和消防器材以及作业坑是否规范。

⑤备好通信器材。

⑥检查所有工具、器材、仪器仪表、设备和防护用品的准备情况。

⑦现场设警戒区,放置警示牌,夜间设警示灯,并设专人看护。污染区内需使用防爆灯照明。

⑧作业应设置临时作业现场指挥部,由作业现场指挥部统一指挥。

⑨作业降压区域内应有补气气源和放散降压、压力观测装置。

⑩作业压力控制一般在 50~200 Pa。

⑪管道开天窗时,焊工持割炬在原燃气管线上沿天窗边缘线向天窗盖中心点45°角进行切割,灭火人员带蘸水手套随焊工切割随时灭火,当切割超过天窗2/3时停止切割,熄灭割炬,灭火后利用铅丝捆绑天窗,之后继续切割,直到距始点2~3 mm时停止切割、灭火、冷却。

⑫将压力调整为置换压力时利用防爆工具掀天窗盖,作业人员佩戴防毒面具,现场严禁一切火种,必要时实施临时交通管制。

⑬打胆砌墙,必须采用特制球胆,隔断气源,球胆内气压要适当,不得超过球胆额定压力,球胆由隔墙加以固定,隔墙要严密。

⑭废弃管线吹扫分为两种情况:

a. 中低压、次高压 A 带气切线动火前,对废弃管线进行空气吹扫,经可燃气体检测仪(XP-311)检测可燃气体浓度低于1%以下,并连续3次检测,每次间隔5分钟,合格后方可动火断管(管道切割线与天窗边缘线的距离不少于0.2 m),焊接堵板或封头。使

用焊条型号应与管道钢材型号相匹配。如果检测不符合要求时应采取机械断管,断管后在来气方向管内 0.3 m 处砌筑耐火泥砖墙,并且在来气方向关闭的闸门下游放散阀门处安装放散管,进行泄压以保证隔墙的稳固性,再用鼓风机对下游管线进行吹扫检测程序。

　　b.高压 A、高压 B 切线动火前,必须对燃气管线进行氮气吹扫,经可燃气体检测仪(XP-311)检测可燃气体浓度低于1%以下,并连续 3 次检测,每次间隔5 分钟,合格后方可断管(管道切割线与天窗边缘线的距离不少于 0.2 m),焊接封头。使用焊条型号应与管道钢材型号相匹配。如果检测不符合要求时应采取机械断管,断管后在来气方向管内 0.5 m 处砌筑黄油墙,并且在来气方向关闭的闸门下游放散阀门处安装放散管,进行泄压以保证黄油墙的稳固性,再用氮气对下游管线进行吹扫检测程序。

　　⑮焊接完毕后,将作业压力调整为置换压力,作业人员佩戴防毒面具,现场严禁一切火种,必要时实施临时交通管制。拆除隔墙,撤出球胆,将天窗盖恢复原位,利用铅丝进行捆绑,粘泥堵漏,将压力降至作业压力进行焊接,焊接天窗盖。高压 A、高压 B 的封头焊道进行无损探伤检测,直至合格。关闭放散阀门,安装跨接装置,串平阀门两侧压力。

　　⑯压力级别为中压以上或管径 DN400(含)以上的切线天窗,应加焊补强天窗盖。

　　⑰焊接完毕后,焊道自然冷却,逐级升压用肥皂水检测,如发现漏点应重新降压补焊,再次逐级升压用肥皂水检测,直至合格。

　　⑱作业现场指挥部向调度室报告作业结束。

　　⑲测绘单位进行接线点测量。

　　⑳管理单位对作业点除锈防腐、警示带、信息球和作业坑回填进行检测验收。

2)手工降压改线操作规程

手工降压改线操作规程如下:

　　①手工降压改线作业必须制订作业方案,报上级有关部门审批,并对参加作业人员进行方案交底。明确参加作业人员的分工,明确现场安全员。

　　②根据作业等级,必须持有相应部门开具的动火证及有限空间作业票方可作业。焊工要穿戴焊工工作服及防护用具,其他人穿防静电工作服、鞋。

　　③作业前,应核对改线任务单和管线资料,检查并了解新管线、待废弃管线的设备技术状态及确认管线末端放散点。

　　④检查工作现场安全操作条件和消防器材以及作业坑是否规范。

⑤备好通信器材。

⑥检查所有工具、器材、仪器仪表、设备和防护用品的准备情况。

⑦现场设警戒区,放置警示牌,夜间设警示灯,并设专人看护。污染区内需使用防爆灯照明。

⑧作业应设置临时作业现场指挥部,由作业现场指挥部统一指挥。

⑨作业降压区域内应有补气气源和放散降压、压力观测装置。

⑩作业压力控制一般在 50 ~ 200 Pa。

⑪在甲、乙坑接线处连接电位平衡线使原燃气管线和新燃气管线之间进行电位平衡。

⑫在甲、乙坑接线处的管道上开天窗,焊工持割炬在原燃气管线上沿天窗边缘线向天窗盖中心点45°角进行切割,灭火人员带蘸水手套随焊工切割,随时灭火,当切割超过天窗2/3时停止切割,熄灭割炬,灭火后利用铅丝捆绑天窗,之后继续切割,直到距始点2 ~ 3 mm 时停止切割、灭火、冷却。

⑬将压力调整为置换压力时掀天窗盖,作业人员佩戴防毒面具,现场严禁一切火种,必要时实施临时交通管制。

⑭利用防爆工具掀起甲坑接线处的管道上天窗盖,对接接线短管(该短管事先预制并焊接固定装置,若异径接线时可事先预制套袖式短管),之后进行粘泥密封焊缝,在乙坑新线末端放散置换,利用燃气直接置换新管内空气,使用取样球胆在管线末端放散点取样,点火检测 3 次,合格后乙坑掀起天窗盖,对接接线短管,之后进行粘泥密封焊缝,将压力降至作业压力进行焊接。使用焊条型号应与管道钢材型号相匹配。

⑮甲、乙坑接线处焊接完毕后,压力降至作业压力。

⑯打胆砌墙,必须采用特制球胆,隔断气源,球胆内气压要适当,不得超过球胆额定压力,球胆由隔墙加以固定,隔墙要严密,压力降至作业压力。利用启动鼓风机的软管放入甲坑切线天窗,向下游废弃管道方向进行吹扫。在乙坑切线天窗处放散检测,连续检测燃气浓度低于1%以下为合格,合格后用割炬断管、焊接堵板或封头。

⑰废弃管线吹扫分为两种情况:

a. 中低压、次高压 A 带气切线动火前,对废弃管线进行空气吹扫,经可燃气体检测仪(XP-311)检测可燃气体浓度低于1%以下,并连续 3 次检测,每次间隔 5 分钟,合格后方可动火断管(管道切割线与天窗边缘线的距离不少于 0.2 m),焊接堵板或封头。使用焊条型号应与管道钢材型号相匹配。

b. 高压 A、高压 B 接线动火前,必须对燃气管线进行氮气吹扫,经可燃气体检测仪

（XP-311）检测可燃气体浓度低于1%以下，并连续3次检测，每次间隔5分钟，合格后方可断管（管道切割线与天窗边缘线的距离不少于0.2 m），焊接封头。使用焊条型号应与管道钢材型号相匹配。如果检测不符合要求时应采取机械断管，断管后在来气方向管内0.5 m处砌筑黄油墙，并且在来气方向关闭的闸门下游放散阀门处安装放散管，进行泄压以保证黄油墙的稳固性。再用氮气对下游管线进行吹扫检测程序。

⑱甲、乙坑拆除隔墙，撤出球胆，将天窗盖恢复原位，利用铅丝进行捆绑，天窗盖缝用粘泥密封，将压力降至作业压力进行焊接，焊接天窗。

⑲中压以上或管径DN400（含）以上的切线天窗，应加焊补强天窗盖。

⑳焊接完毕后，焊道自然冷却，逐级升压用肥皂水检测，如发现漏点应重新降压补焊，再次逐级升压用肥皂水检测，直至合格。

㉑作业现场指挥部向调度室报告作业结束。

㉒测绘单位进行接线点测量。

㉓管理单位对作业点除锈防腐、警示带、信息球和作业坑回填进行检测验收。

8.2

燃气管道不停输接线、切线作业

8.2.1　燃气管道不停输接线作业操作规程

燃气管道的不停输开孔接线技术就是指使用专用的开孔设备在不降低燃气管道压力、不停止正常输送燃气、不影响管线正常运行的条件下对目标管道进行开孔，对新旧管道进行丝口连接或对原有管段进行旁路改造等施工作业的工艺。

1）设备目录

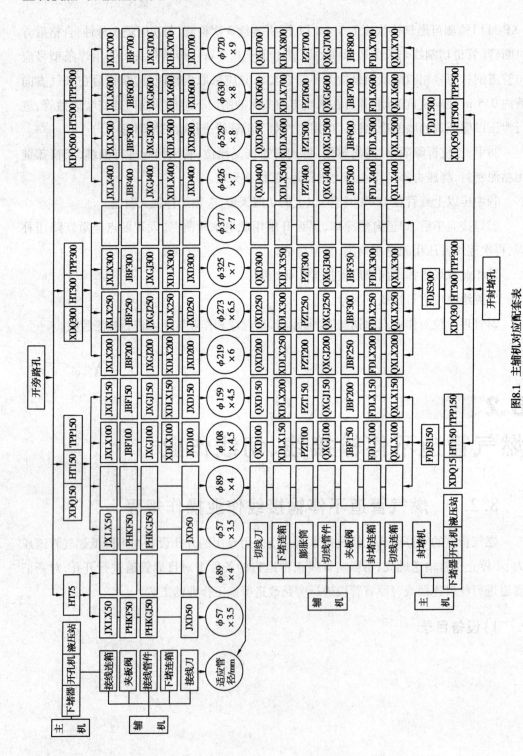

图8.1 主辅机对应配套表

2)设备的检查

①开孔机:检查进给箱、主传动箱、变速箱的齿轮油的油位,液压泵、供油管和回油管、快速接头。

②接线连箱:检查连接密封圈,接线连箱上所有的连接端面是否清洁完好,接线连箱上的放散阀是否完好。

③接线刀:检查刀齿是否有磨损、裂纹及缺齿。

④中心钻:检查中心钻钻尖是否有磨损,中心钻和接线刀是否配套,U形卡是否灵活(不能有油污、磨损及断裂)。

⑤夹板阀:检查夹板阀与作业规格、压力是否匹配,密封圈是否有破损或龟裂,阀腔内是否有异物,密封面是否有划伤、变形,启闭是否灵活、到位,旁路针型阀是否通畅,螺丝丝扣是否完好,螺杆是否变形、松动。检查手动夹板阀启闭圈数(启闭圈数以现场记录为依据),液压夹板阀检查启闭尺寸,并记录结果。

⑥液压站:检查液压站油位是否符合规定,电路部分是否完好;液压站试车,接通高压油管回路,检查压力表的压力是否稳定,液压系统是否漏油。

⑦接线管件:检查接线管件是否与作业任务单的规格、压力匹配;堵塞法兰锁块是否齐全完好,堵塞上橡胶O形密封圈是否完好;管件的上下半瓦是否成套(出厂时已有标记,不能混用)。

⑧以上7项出库时应填写出库检查记录表,入库时填写入库检查记录表,使用人和保管员双方在记录表上签字(见表8.1)。

表8.1 开孔封堵作业设备出入库情况登记表

接线管件		切线管件			压力平衡管件	
工程名称		使用班组				
工程地点		领取时间				
序 号	设备名称、规格及编号	领取数量	领取确认	返回确认	备 注	
1	开孔机 HT-					
2	封堵器 EXP-					
3	下堵器 XD-					
4	夹板阀 SV-					

续表

序　号	设备名称、规格及编号	领取数量	领取确认	返回确认	备　注
5	启动箱 FATO-				
6	液压站 TPP-				
7	开孔机摇把				
8	下堵接柄				
9	下堵手柄				
10	下堵标志杆				
11	液压传动胶管				
12	压力平衡法兰				
13	压力平衡胶管				
14	放散法兰短节				
15	金属(石墨)垫				
16	石棉垫				
17	螺栓				
18	堵塞密封圈				
19	夹板阀密封圈				
发放检验人签字			发放使用人签字		
返回时间		有无《开孔机械使用记录表》			
返回检验人签字			返回使用人签字		

3)作业前准备工作

①根据作业任务单的接线规格选择相匹配的开孔设备。

②用摇把摇出开孔机的钻杆,清洁钻杆的锥体、内孔及螺纹部分,正确安装定位键。

③将接线刀安装在开孔机钻杆上,使用专用套筒扳手将中心钻旋入钻杆使之紧固保证接线刀与中心钻同心,将接线刀收回到接线连箱内。

④选用与下堵器配套的下堵连箱和锥接柄。检查堵塞上的 O 形圈密封面,将接线管件的堵塞与锥接柄连接好,将下堵器的主轴与锥接柄相对,顺时针旋动下堵器大手柄,用标志杆手柄顺时针旋转下堵器拉杆使丝扣与锥接柄相连锁紧,而后逆时针旋转大手柄将堵塞收回连箱内。

⑤准备好平衡孔的部件如图 8.2、图 8.3 所示。

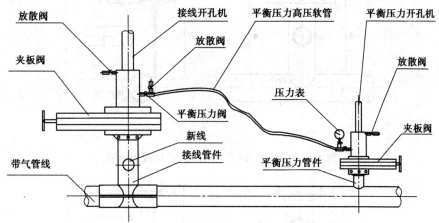

图 8.2　0.4 MPa 以上接线压力平衡示意图

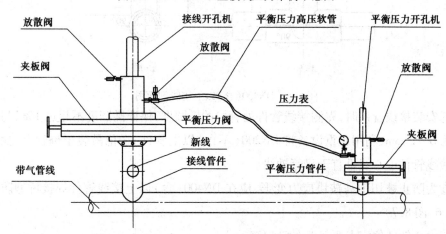

图 8.3　0.4 MPa 以下,DN400 以上接线压力平衡示意图

4)接线作业现场预制前的准备工作

①选择匹配的接线管件、平衡压力孔管件。

②燃气管线中低压的接线管件为马鞍型的接线管件(图 8.4),燃气管线次高压 A 及以上的接线管件为抱管型接线管件(图 8.5)。

③检查接线管件的法兰面是否完好,清洁接线管件和平衡压力孔管件的法兰面。

④对接线确认点的管段的外表面应进行防腐层铲除处理,在焊缝的位置上用电动钢刷打磨,除去表面油污、底漆,使得表面光滑;进行管壁测厚,焊接位置的壁厚不低于原壁厚的3/5。

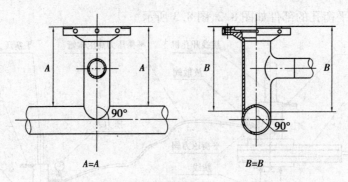

图 8.4　0.4 MPa 以下 DN400(含)接线剖面图

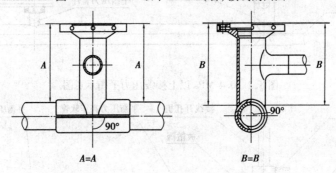

图 8.5　DN400(含)以上接线剖面图

⑤安装接线管件时,先测接线管件处管段的椭圆度,保证椭圆度不超过 1%;与管壁间隙为 0 ~ 2 mm,利用起重设备将 DN200(不含)以上管件,平稳吊装于母管上,找正对中使接线管件中心线垂直于母管轴线。

⑥为防止被切削马鞍块应力变形,应在 DN400(含)以上接线管件焊接桥型防涨板(图 8.6、图 8.7)。

⑦中心钻部位定点要躲开母管焊缝。

⑧焊接安装接线管件或平衡孔管件。

⑨接线管件预制,堵塞法兰中心点要垂直于母管中心线。

⑩焊接前要测量校对接线管件、平衡压力孔管件,堵塞法兰平面要与母管轴线平行、尺寸相等,焊接前还要校对接线管件堵塞法兰内侧(两腮),深度尺寸要求相等。

⑪当 $A = A$、$B = B$ 时进行点焊和焊接,正负差 ≤1 mm(图 8.4、图 8.5)。

⑫焊接前,应将母管外表焊位修磨平整,使法兰堵塞的上下半瓦能与母管外表贴合,并使法兰平面与母管轴线保持平行。管件的上下半瓦应是成套的,出厂时已有标记,不能混用。先将上半瓦垂直于母管,再将对应下半瓦与上半瓦前后左右对齐,水平缝点焊。进一步检查确认,先要检测接线管件和平衡压力孔堵塞法兰平面与母管轴向是否平行,两端距离是否相等,如有偏差可用钢楔子上下降差,符合时,再将上下半瓦水

平焊接。再检测堵塞法兰左右内侧至母管两侧距离是否相等,确定法兰中心是否垂直于母管中心线,如有偏差可用钢楔子左右降差,符合时,然后将上下半瓦环向焊口点焊,确认无误后先焊一侧,再焊另一侧环形焊口。原则上先焊水平焊缝,再焊一侧环形焊缝,最后焊接另一侧环形焊缝。

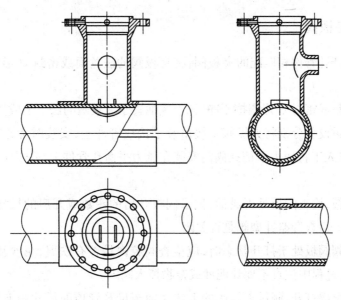

图 8.6　DN400(含)焊接桥型防涨板

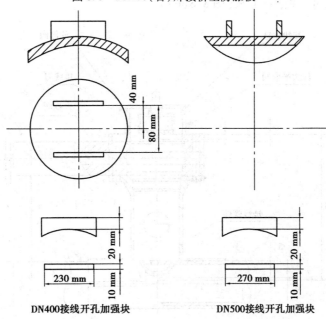

DN400接线开孔加强块　　　　　DN500接线开孔加强块

图 8.7　桥型防涨板(放大图)

⑬接线管件与平衡压力孔管件间距0.6~1 m,原则上避开焊缝。

⑭对于接线管件与新管线进行连接的短管,焊接后新管线的压力级制为中低压的待通气后利用管线介质压力进行严密度检测,压力级制为次高压A及以上的在通气前进行无损探伤检测。

5)安装夹板阀

①选择与开孔管件相匹配的夹板阀,将夹板阀的法兰面或密封O形圈及凹槽清理干净。

②将石棉垫或密封O形圈擦干净,抹上黄油置于夹板阀的法兰上或法兰的凹槽内。

③利用起重设备分别将夹板阀平缓吊装于接线管件上,安装时考虑阀门开启方向便于操作,同时人工将压力平衡孔阀门安装在压力平衡孔管件上,并以十字紧固的方法紧固螺母。

④开合阀板,检查阀板是否灵活,记录阀板开启的圈数或开启的尺寸,关闭的圈数或关闭的尺寸。检查旁路针型阀是否关闭。

⑤当夹板阀阀板处于打开状态时,应检查阀腔内是否有铁屑、泥沙及其他异物,并清理干净,施工过程中注意不要让泥沙或杂物掉入阀内。

⑥将阀门全部打开,测量夹板阀的上法兰面至母管管顶的尺寸和夹板阀的上法兰面至下堵塞的尺寸,并记录下来(图8.8(c))。

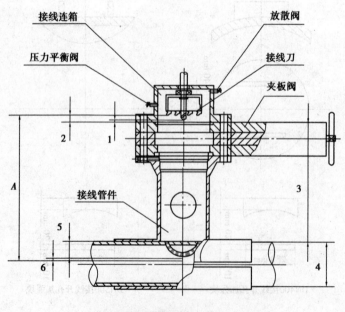

(a)接线行程完成尺寸(A=2+3+5+6)

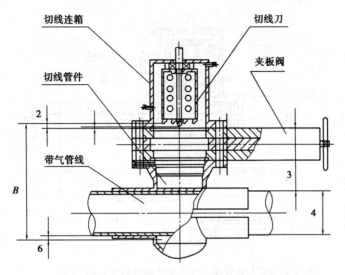

（b）切线行程完成尺寸（B=2+3+4+6）

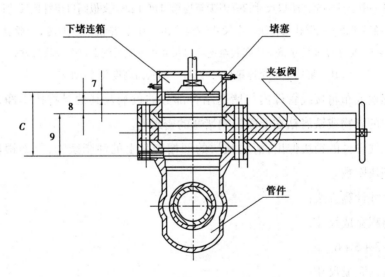

（c）下堵塞行程完成尺寸（C=7+8+9）

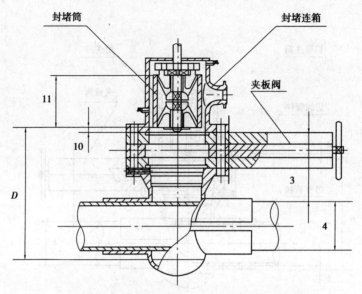

（d）下膨胀筒行程完成尺寸（$D=3+4+10+（11+4）/2$）

图8.8（单位：mm）

1—中心钻尖至连箱口尺寸；2—刀尖至连箱口尺寸；3—夹板阀口至管顶尺寸；

4—管道外径尺寸；5—接线孔马鞍块高度尺寸（查表）；6—刀具切削超位量尺寸，一般取 2～5 mm；

7—堵塞厚度尺寸；8—堵塞底至连箱口尺寸；9—夹板阀上口至锁块尺寸；

10—膨胀筒底至连箱口尺寸；11—膨胀筒高度尺寸（查表）

⑦用棉丝或布将接线管件内与堵塞结合部分的黄油及其他异物擦干净，防止开孔过程管道中的异物或铁屑粘在上面影响堵塞的密封性。

⑧将接线管件的锁块伸出，清洁锁块的凹槽和其上的油脂杂物，收回锁块，记录伸出和收回锁块圈数。

行程尺寸计算方法：

接线行程完成尺寸：

$A = 2 + 3 + 5 + 6$

切线行程完成尺寸：

$B = 2 + 3 + 4 + 6$

下堵塞行程完成尺寸：

$C = 7 + 8 + 9$

下膨胀筒行程完成尺寸：

$$D = \frac{3 + 4 + 10 + (11 + 4)}{2}$$

6) 安装开孔机

①利用起重设备分别将开孔机平缓吊装于夹板阀上,夹板阀处于全部开启状态,并采用十字紧固方法紧固螺栓。

②按开孔机切削行程计算尺寸(表8.2),将进给箱手柄放置手动挡或空位挡,用摇把顺时针旋转,将中心钻尖顶于母管后再逆时针回旋两圈。

表8.2　接线孔数据参照表

序号	钢管外径(mm)	壁厚(mm)	开孔刀外径(mm)	最高转速(r/min)	马鞍块高度(mm)	中心钻外露长度(mm)	进给量(mm/r)	中心钻开孔时间(min)	开孔时间(min)	总计时间(min)	备注
1	59	4.5	40	10	15	23	0.1	23	15	38	HT75 手动
2	89	4.5	70	44	26	34	0.1	8	6	14	HT150 电动
3	108	4.5	80	44	25	39	0.1	9	6	15	HT150 电动
4	114	4.5	90	44	30	34	0.1	8	7	15	HT150 电动
5	159	4.5	120	44	35	39	0.1	9	8	17	HT150 电动
6	168	6	140	44	50	39	0.1	9	11	20	HT150 电动
7	219	8	170	44	55	41	0.1	9	13	22	HT150 电动
8	273	8	195	33	53	41	0.1	13	16	29	HT300-1
9	325	8	245	26	69	41	0.1	16	27	43	HT300-1
10	406	8	345	18	113	41	0.1	23	63	86	HT500-1
11	426	12	345	18	110	41	0.1	22	60	82	HT500-1
12	508	8	395	16	108	31	0.1	19	68	87	HT500-1
13	529	12	395	16	108	31	0.1	19	67	86	HT500-1
14	273	8	195	33	53	41	0.14	9	12	21	HT300-2
15	325	8	245	26	69	41	0.14	11	19	30	HT300-2
16	426	12	345	18	110	41	0.15	15	40	55	HT500-2
17	508	8	395	16	108	31	0.15	13	45	58	HT500-2
18	529	12	395	16	108	31	0.15	13	45	58	HT500-2

7)接线开孔作业

接线方式主要有两种形式:第一种在接线管件上接线为上接法(图8.9);第二种在切线管件上接线为下接法(图8.10)。

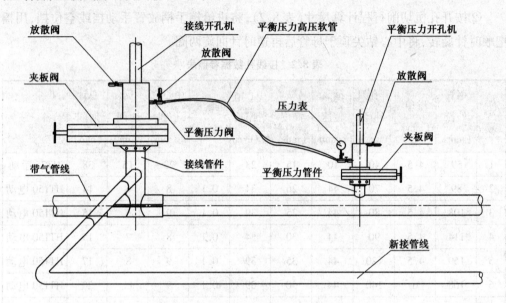

图8.9 上接法(0.4 MPa 以上接线)

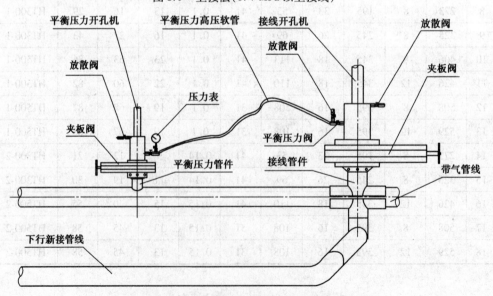

图8.10 下接法(0.4 MPa 以上接线)

作业程序如下:

①液压站试车,检查压力表的压力是否稳定,液压系统是否漏油,检查正常后,接通高压供油管、回油管。

②在平衡压力孔的阀门上安装开孔机进行开孔,开孔结束后把开孔刀收回连箱,关闭阀门,进行严密度检测,合格后平衡压力孔连箱泄压,卸下开孔机,安装下堵器(安装好堵塞),并将平衡压力管与开孔连箱连接(图8.2、图8.3)。

③打开平衡压力管阀门,进行开孔连箱和新线置换,置换压力控制在5 000 Pa以下,直至检测合格。关闭放散阀,待压力与母管压力平衡后,对接线管件和开孔附属设备以及接线管件与新管线连接部位的焊道进行严密度检测。

④如焊道严密度检测不合格时,先关闭平衡压力管阀门,利用新管线放散处进行放散,将管线压力放至为零;再利用平衡压力管放散阀进行空气或氮气吹扫置换,在新管线放散处检测,燃气浓度低于1%合格后,对焊道进行返修,直至合格。

⑤如设备连接部位发生泄漏时,关闭平衡压力管阀门,利用新管线放散处进行放散,将管线压力放至为零,对设备重新组装,直至合格。

⑥将液压胶管分别安装在液压站和开孔机的液压马达上,将开孔机手柄置于空挡位置,接通油路,检查钻杆旋转方向,按照刀具转速表测定转速,根据转速调节液压站的排量。

⑦将开孔机手柄调至自动进给挡,进行开孔。

⑧开孔至完成切削行程尺寸时(图8.8(a))停钻,将开孔机手柄调至空位挡,逆时针旋转3~4圈确认开孔完成,用摇把顺时针旋转,按起始尺寸将开孔刀收回到开孔连箱内。

⑨按照夹板阀关闭的圈数或关闭的尺寸关闭阀门。

⑩关闭平衡压力管阀门,打开开孔连箱放散阀泄压,拆卸开孔机和开孔连箱一侧的平衡压力管。

⑪利用起重设备将开孔机平缓吊离作业区,吊车臂回位。

8)下堵塞

①利用起重设备将下堵器安装在夹板阀上。

②重新将平衡压力管安装于下堵器的放散阀上,打开平衡压力管阀门和下堵器连箱上的放散阀门,对下堵器进行置换,合格后关闭放散阀。

③打开夹板阀,顺时针旋动主轴手柄将堵塞下行到法兰腔内,到计算尺寸后,按旋出锁块圈数,锁紧堵塞。逆时针旋转主轴手柄,主轴不能上升时,证明堵塞被锁死。

④关闭平衡孔的阀门,缓慢打开下堵连箱的放散阀,检查接线管件堵塞的密封性。如有泄漏需重复下堵塞程序,直至合格。

⑤反向旋转接线孔下堵器测量杆上的手柄,使下堵器中心螺杆与下堵锥柄脱离,反向旋转主轴手柄将主轴收回连箱。

⑥打开平衡孔的夹板阀,对平衡压力孔管件下堵塞后,打开平衡压力管放散阀泄压,检测如有泄漏需重复下堵塞程序,直至合格。

⑦反向旋转平衡压力孔下堵器测量杆上的手柄,使下堵器中心螺杆与下堵锥柄脱离,反向旋转主轴手柄将主轴收回连箱。

⑧将压力平衡管打开放散阀泄压,检测,如有泄漏需重复下堵塞程序,直至合格。

⑨利用起重设备,拆卸平衡压力管、接线孔下堵器和平衡压力孔下堵器,再用可燃气体检测仪进行检测,如合格再拆卸夹板阀,依次安装法兰盖堵。

8.2.2 燃气管道不停输切线作业操作规程

1)设备目录

参见图8.1。

2)设备的检查

对以下设备进行检查:

其中①～⑥项同8.2.1燃气管道不停输接线作业的设备检查的前6项。

⑦切线管件:检查切线管件是否与作业任务单的规格、压力匹配,检查堵塞法兰锁块是否齐全完好,堵塞上橡胶O形密封圈是否完好。管件的上下半瓦应是成套的,出厂时已有标记,不能混用。

⑧封堵作业有两种类型:第一种是EXP150、EXP300使用的封堵机为手动,第二种封堵机为EXP500液动型,它们与膨胀筒的连接方式相同。

⑨封堵设备:EXP150、EXP300封堵机的组配设备部件主要有封堵机、封堵连箱、膨胀筒。先将封堵机与封堵连箱加密封圈连接紧固,将主轴伸出封堵连箱,再与膨胀筒连接并旋回封堵连箱内(膨胀筒缩至最小尺寸)。

⑩以上9项出库时应填写出库检查记录表,入库时填写入库检查记录表,使用人和保管员双方在记录表上签字。

3)作业前准备工作

①根据作业任务单的切线规格选择相匹配的切线开孔设备。

②用摇把摇出开孔机的钻杆,清洁钻杆的椎体、内孔及螺纹部分,正确安装定位键。

③将切线刀安装在开孔机钻杆上,使用专用套筒扳手将中心钻旋入钻杆使之紧固,保证切线刀与中心钻同心,将切线刀收回到切线连箱内。

④选用与下堵器配套的下堵连箱和锥接柄。首先检查堵塞上的O形圈密封面,将要下的接线管件和切线管件的堵塞与锥接柄连接好,将下堵器的主轴与锥接柄相对,顺时针旋动下堵器大手柄,用标志杆手柄顺时针旋转下堵器拉杆使丝扣与锥接柄相连锁紧,而后逆时针旋转大手柄将堵塞收回连箱内(图8.8(c))。

⑤安装封堵设备前,首先测量膨胀筒的规格要与切线刀规格相对应,膨胀筒收缩后的外径尺寸要小于切线刀外径尺寸,封堵尺寸参考图8.8及测算表8.3,将封堵机行程尺寸和膨胀筒密封工作时膨胀的圈数做好记录。膨胀筒开口侧对来气方向,把组装好的封堵机安装在夹板阀上。

⑥准备好平衡孔的部件。

表8.3 膨胀筒高度及理论圈数表

项目 参数 规格	膨胀筒高度 尺寸(mm)	自然状态 (mm)	最小伸缩 尺寸(mm)	最大膨胀 尺寸(mm)	理论圈数
EXPC-80	180	102	95	103.5	5.7
EXPC-100	220	140	132	141.5	6.3
EXPC-150	270	190	182	191.5	6.3
EXPC-200	320	240	230	242	8
EXPC-250	370	290	280	292	8
EXPC-300	420	340	330	342	8
EXPC-400	560	460	453	465	8
EXPC-500	660	560	553	565	8
EXPC-600	760	660	653	665	8
EXPC-700	860	760	753	765	8

4)切线作业现场预制前的准备工作

①选择与切线作业匹配的切线管件、平衡压力孔管件。

②检查切线管件的法兰水线是否完好,清洁切线管件和平衡压力孔管件的法兰面和法兰水线。

③对切线确认点的管段的外表面进行防腐层铲除处理,在焊缝的位置上用电动钢刷打磨,除去表面油污、底漆,表面应光滑,进行管壁测厚,焊接位置的壁厚不低于原壁厚的3/5。

④安装切线管件和平衡压力孔管件时,先测切线管件处管段的椭圆度,保证椭圆度不超过1%;与管壁间隙在0~2 mm,利用起重设备将DN200(不含)以上切线管件,平稳吊装于母管上。

⑤中心钻部位定点要躲开母管焊缝。

⑥切线管件堵塞法兰中心线要垂直于母管中心线(图8.11)。

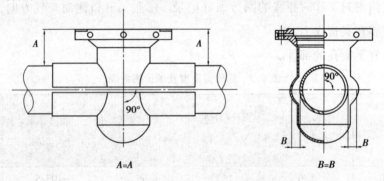

图8.11　切线管件预制

⑦点焊前,应将母管外表焊位修磨平整,当$A=A$时进行测量及尺寸校对,使法兰堵塞的上下半瓦能与母管外表紧密贴合,并使法兰平面与母管轴线保持平行。先将上半瓦垂直于母管,再将对应下半瓦与上半瓦前后左右对齐,水平缝点焊。进一步检查确认,先要检测切线管件堵塞法兰平面与母管轴向是否平行($A=A$)、两端距离是否相等,如有偏差可用钢楔子上下降差,符合时再将上下半瓦水平焊接。再检测切线管件左右内侧至母管外壁两侧距离是否相等($B=B$),确定切线管件法兰中心是否垂直于母管中心线,如有偏差可用钢楔子左右降差,符合时再将上下半瓦环向焊口一侧点焊。原则上先焊两侧水平焊缝,再焊一侧环形焊缝,最后焊接另一侧环形焊缝,避免产生焊接应力。

⑧切线管件与平衡压力孔管件间距0.6~1 m,选位时应避开焊缝。

⑨切线管件焊接后利用管线介质压力进行严密度检测。

以上准备工作的操作要点清对比、参照"接线作业现场预制前的准备工作"以加以了解。

5）安装夹板阀

具体操作事项、步骤同 8.2.1 的 5）。

6）安装开孔机

①利用起重设备分别将开孔机平缓吊装于夹板阀上，夹板阀处于全部开启状态，并采用十字紧固方法紧固螺栓。

②按开孔机切削行程计算尺寸，切线孔数据参见表8.4。将进给箱手柄放置手动挡或空位挡，用摇把顺时针旋转，将中心钻尖顶于母管后再逆时针回旋两圈。

表8.4 切线孔数据参照表

序号	钢管外径（mm）	壁厚（mm）	开孔刀外径（mm）	最高转速（r/min）	切削深度（mm）	中心钻外露长度（mm）	进给量（mm/r）	中心钻开孔时间（min）	开孔时间（min）	总计时间（min）	备注
1	89	4.5	102	55	94	30	0.1	5	17	23	HT150
2	108	4.5	140	45	113	20	0.1	4	25	30	HT150
3	114	4.5	140	45	119	20	0.1	4	26	31	HT150
4	159	4.5	190	35	164	20	0.1	6	47	53	HT150
5	168	6	190	35	173	20	0.1	6	49	55	HT150
6	219	8	240	30	224	30	0.1	10	75	85	HT300-1
7	273	8	295	25	278	30	0.1	12	111	123	HT300-1
8	325	8	350	20	330	30	0.1	15	165	180	HT300-1
9	406	8	460	15	411	50	0.1	47	274	321	HT500-1
10	426	12	460	15	431	50	0.1	47	287	334	HT500-1
11	508	8	560	12	513	50	0.1	58	428	486	HT500-1
12	529	12	560	12	534	50	0.1	58	445	503	HT500-1
13	219	8	240	30	224	30	0.14	7	53	60	HT300-2
14	273	8	295	25	278	30	0.14	9	79	88	HT300-2
15	325	8	350	20	330	30	0.14	11	118	129	HT300-2
16	406	8	460	15	411	50	0.15	31	183	214	HT500-2
17	426	12	460	15	431	50	0.15	31	192	223	HT500-2
18	508	8	560	12	513	50	0.15	39	285	324	HT500-2
19	529	12	560	12	534	50	0.15	39	297	336	HT500-2

7) 切线开孔作业

切线开孔作业事项及操作步骤请对比、参照"接线开孔作业"相关内容加以了解。

图8.12为切线开孔作业机械切线示意图。

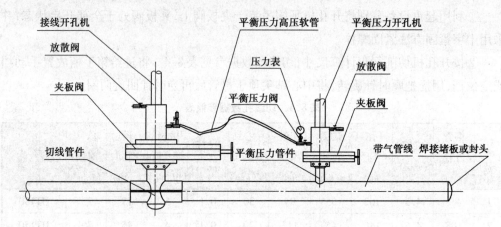

图8.12 机械切线示意图

①液压站试车,检查压力表的压力是否稳定,液压系统是否漏油,检查正常后,接通高压供油管、回油管。

②在平衡压力孔的阀门上安装开孔机进行开孔,开孔结束后把钻头收回连箱,关闭阀门,进行严密度检测,合格后开孔连箱泄压,卸下开孔机,安装下堵器(安装好堵塞),并将平衡压力管与切线连箱连接。

③打开平衡压力管阀门,将切线连箱置换合格,待压力平衡后,对切线管件、切孔附属设备及与夹板阀连接部位和切线管件的焊道进行严密度检测。

④如上述严密度检测不合格时,先关闭平衡压力管阀门,利用切线连箱放散处进行放散,将切线连箱内压力放至为零。用空气或氮气吹扫置换检测合格后,对焊道进行返修或对设备重新组装,直至合格。

⑤将开孔机手柄置于空挡位置,接通油路,检查钻杆旋转方向,按照刀具转速表测定转速,根据转速调节液压站的排量。

⑥将开孔机手柄调至自动进给挡,进行开孔。

⑦开孔至完成切削行程尺寸时(图8.8(b))停钻,将开孔机手柄调至空位挡,逆时针旋转3～4圈确认开孔完成,用摇把顺时针旋转,按起始尺寸将开孔刀收回到切线连箱内。

⑧按照夹板阀关闭的圈数或关闭的尺寸关闭阀门。

⑨关闭平衡压力管阀门,打开切线连箱放散阀泄压,拆卸开孔机和切线连箱一侧的平衡压力管。

⑩利用起重设备将开孔机平缓吊离作业区,起重臂回位。

8)封堵作业

(1)EXP150、EXP300 封堵机

①利用起重设备将封堵设备平缓吊装于夹板阀上,并核对膨胀筒开口是否对准来气方向。

②连接平衡压力管于封堵连箱放散阀上,打开平衡压力孔和封堵连箱上的放散阀,放散置换至合格,关闭放散阀门。打开夹板阀并开启到位,对封堵管件及开孔设备连接部位检测严密度。如不合格则利用平衡压力管放散阀泄压,重新安装封堵设备,直至检测合格。

③按照下膨胀筒到位的行程尺寸,参见图8.8。

$$[D = 3 + 4 + 10 + (11 + 4)/2]$$

④下膨胀筒到位,脱开导向块,并夹紧在丝杠扁上继续逆时针转动丝杆手柄使膨胀筒胀开,实现对管路的封堵。

⑤关闭封堵连箱上的放散阀,打开平衡压力管上放散阀泄压,将管内压力放空。如果持续放散,则证明封堵不严,需要重复封堵程序,直至封堵合格。

⑥对下游管线放散点进行放散泄压至燃气压力为零。

⑦在平衡压力管放散阀上连接氮气管向下游管线进行氮气吹扫置换,氮气压力控制在 5000 Pa 以下,温度控制在 5 ℃以上。同时下游管线末端放散点放散检测,燃气浓度达到1%以下为合格,然后关闭平衡压力管放散阀,拆除氮气装置。

⑧断管位置设在平衡压力孔后 0.25 ~ 0.6 m,进行断管,断管长度大于 0.5 m。

⑨在平衡压力管下游一侧焊接堵板或封头。

⑩开启平衡压力管放散阀和封堵连箱放散阀,在平衡压力孔下堵连箱放散阀放散置换,合格后关闭放散阀。

⑪对焊接后堵板或封头进行严密度检测,如有泄漏关闭封堵连箱放散阀,打开平衡压力管放散阀,放散泄压,次高压 A 以上管道利用氮气进行重新置换,合格后施焊,达到严密度要求为止。

⑫打开平衡压力阀,确认膨胀筒两侧压力平衡。

⑬顺时针转动丝杆手柄使膨胀筒缩小,将膨胀筒收至封堵连箱内,关闭切线管件夹板阀和平衡压力孔夹板阀,打开平衡压力孔放散阀泄压为零。

⑭利用起重设备拆卸封堵机。

（2）EXP500 封堵机

①当在 DN400～DN700 管径上封堵作业时,需采用 EXP500 型封堵机。主传动轴的升降式采用 TPP500 液压站用油压驱动。

②检查液压站工作参数,液压站流量调至排量的 30%,限量溢流压力为≤6.0 MPa。

③利用起重设备将封堵设备平缓吊装于夹板阀上,并核对膨胀筒开口是否对准来气方向。

④连接平衡压力管于封堵连箱放散阀上,打开平衡压力孔和封堵连箱上的放散阀,放散置换至合格,关闭放散阀门。打开夹板阀并开启到位,对封堵管件及封堵设备连接部位检测严密度。如不合格利用平衡压力管放散阀泄压,重新安装封堵设备,直至检测合格。

⑤按照下膨胀筒到位的行程尺寸,参见图 8.8(d)。

⑥将标有刻度的移动式传动杆从顶部插入到封堵机内,下膨胀筒到位。

⑦利用快速接头连通液压站与封堵机液压缸,启动液压站驱动主传动轴,将膨胀筒送至切线管件中,按照下膨胀筒到位的行程尺寸(图 8.8(d))。用手柄逆时针旋转封堵机上方的移动传动杆,胀开膨胀筒。

注:膨胀筒下到封堵部位时要及时将封堵器上的油压进出口球阀关闭,实现对管路的封堵。

⑧关闭封堵连箱上的放散阀,打开平衡压力管上放散阀泄压,将管内压力放空。如果持续放散证明封堵不严,需要重复封堵程序,直至封堵合格。

⑨对下游管线放散点进行放散泄压至燃气压力为零。

⑩在平衡压力管放散阀上连接氮气管向下游管线进行氮气吹扫置换,氮气压力控制在 5000 Pa 以下,温度控制在 5 ℃以上。同时下游管线末端放散点放散检测,燃气浓度达到 1% 以下为合格,合格后关闭平衡压力管放散阀,拆除氮气装置。

⑪断管位置设在平衡压力孔后 0.25～0.6 m,进行断管,断管长度大于 0.5 m。

⑫在平衡压力管下游一侧焊接堵板或封头。

⑬开启平衡压力管放散阀和封堵连箱放散阀,在平衡压力孔下堵连箱放散阀放散置换,合格后关闭放散阀。

⑭对焊接后堵板或封头进行严密度检测,如有泄漏关闭封堵连箱放散阀,打开平衡压力管放散阀,放散泄压,次高压 A 以上管道利用氮气进行重新置换,合格后施焊,达到严密度要求为止。

⑮打开平衡压力阀,确认膨胀筒两侧压力平衡。

⑯用手柄顺时针旋转封堵机上方的移动传动杆,缩小膨胀筒。利用快速接头连通液压站与封堵机液压缸,启动液压站驱动主传动轴,将膨胀筒收至封堵连箱内。

⑰关闭切线管件夹板阀和平衡压力孔夹板阀,打开平衡压力孔放散阀泄压为零。

⑱利用起重设备拆卸封堵机。

其中⑧～⑮条与 EXP150、EXP300 封堵机封堵作业的⑤～⑫条相同。

9) 下堵塞

①利用起重设备安装下堵器。

②重新将平衡压力管安装于下堵器的放散阀上,打开平衡压力管阀门和下堵器的平衡压力阀门,对下堵器进行置换,直至合格。

③打开夹板阀,顺时针旋动主轴手柄将堵塞下行到法兰腔内,旋转到计算尺寸后,按旋出锁块圈数,锁紧堵塞。逆时针旋转主轴手柄,到主轴不能上升时,证明堵塞被锁住,然后依次在堵塞法兰四周安装锁块孔丝堵。

④关闭平衡孔的阀门,缓慢打开下堵连箱的放散阀,检查接线管件堵塞的密封性。如有泄漏需重复下堵塞程序,直至合格。

⑤反向旋转接线孔下堵器测量杆上的手柄,使下堵器中心螺杆与下堵锥柄脱离,反向旋转主轴手柄将主轴收回连箱。

⑥打开平衡孔的阀门,对平衡压力孔管件下堵塞后,打开平衡压力管放散阀泄压、检测,如有泄漏需重复下堵塞程序,直至合格。

⑦反向旋转平衡压力孔下堵器测量杆上的手柄,使下堵器中心螺杆与下堵锥柄脱离,反向旋转主轴手柄将主轴收回连箱。

⑧再将压力平衡管打开放散阀泄压、检测,如有泄漏需重复下堵塞程序,直至合格。

⑨拆卸平衡压力管,利用起重设备吊装拆卸,切线孔下堵器和平衡压力孔下堵器,再用可燃气体检测仪进行检漏,如合格依次再拆卸夹板阀。

⑩在堵塞法兰腔内均匀涂抹黄油,然后依次安装法兰盖堵。

⑪管理单位对作业点的除锈防腐、警示带、信息球和作业坑回填进行检测验收。

10) 提堵塞

提堵塞的目的:

①下堵过程中堵塞 O 形密封圈出现破损,密封不严时,重新更换密封材料。

②利用原有的切线管件重新进行封堵作业。

提堵塞的操作步骤:

①清除防腐、拆卸法兰盖堵,清理切线管件法兰密封面及堵塞法兰四周拆卸锁块孔丝堵,平衡压力孔密封面及法兰侧孔、法兰堵塞和锥接柄接触面。

②在平衡压力孔堵塞法兰上安装堵塞接柄,将下堵器安装在平衡压力孔的夹板阀上,顺时针旋转下堵器主轴,使下堵器接柄与堵塞连接连接;逆时针旋转下堵器,使堵塞收回下堵器连箱内。

③在切线管件堵塞法兰上安装锥接柄,用起重设备吊装夹板阀(夹板阀处于开启状态)、下堵器,测算堵塞收入下堵连箱尺寸(图8.8)。

④将平衡压力管分别与切线管件下堵器连箱和平衡压力孔下堵器连箱放散阀连接,打开平衡压力管放散阀门和切线管件下堵器的放散阀门,对下堵器进行置换,在下堵器连箱放散阀放散、取样、检测直至合格。

⑤顺时针旋转下堵器主轴,使拉杆与切线管件上的堵塞接柄连接,按圈数收回锁块至堵塞法兰腔内;逆时针旋转下堵器,使堵塞收回下堵器连箱内。

⑥关闭切线管件和平衡压力孔夹板阀,打开平衡压力管放散阀泄压放空。

⑦用起重设备拆卸切线管件的下堵器。

 习　题

一、填空题

(1)压力级制为_____或管径 DN400(含)以上的直碰接线天窗,应加焊补强天窗盖。

(2)手工降压三通接线作业压力控制一般在_____范围内。

(3)高压 A、高压 B 切线动火前,必须对燃气管线进行_____吹扫,经可燃气体检测仪检测可燃气体浓度低于_____以下,并连续 3 次检测,每次间隔 5 分钟,合格后方可断管并焊接封头。

(4)燃气管线中低压的接线管件为_____的接线管件,燃气管线次高压 A 及以上的接线管件为_____的接线管件。

二、简答题

简述燃气管道不停输接线作业的主要设备及其作用。

9　应急抢险与管理

9.1

燃气突发应急事件及应急响应

《中华人民共和国突发事件应对法》所称突发应急事件,是指突然发生,造成或者可能造成严重社会危害,需要采取应急处置措施予以应对的自然灾害、事故灾难、公共卫生事件和社会安全事件。

本章所称突发应急事件,是指突然发生,造成或者可能造成燃气设备、设施及其附属设施故障,进而影响燃气管网正常工况或用户正常用气,需要采取应急处置措施予以应对的事件。

9.1.1 突发事故等级和燃气泄漏事故分类

根据城镇燃气系统的构成情况,按照突发事件所在供应系统的压力等级、事件所影响的用户性质及数量、事件发生所在地区的性质、对社会造成的危害程度等方面因素,将燃气突发事件等级分为四级。

1)特别重大燃气突发事件(Ⅰ级)

凡发生以下情况之一,均属于该类事件:

①长输燃气管线城镇内部分、城镇门站及高压 B(4.0 MPa≥P≥1.6 MPa)以上级别的供气系统、输配站、液化天然气储备厂、液化石油气罐装厂发生燃气火灾、爆炸或发生燃气泄漏事故,严重影响燃气供应及危及公共安全;

②因上游供气系统出现问题造成城镇供气异常,导致城镇大部分燃气供应系统超压运行或造成供气压力不足,且达到《关于发生天然气供应系统重特大事故时预警分级、报送方式及应急对策》所规定的橙色以上警报的等级;

③供气系统发生突发事件,造成 2 万户(含)以上居民连续停止供气 24 小时(含)以上;

④发生死亡 10 人(含)以上,或重伤 20 人(含)以上,死、重伤合计 20 人(含)以上,或经济损失 50 万元(含)以上的用户事故;

⑤燃气突发事件引发的次生灾害,造成铁路、高速公路运输长时间中断,或造成供

电、通信、供水、供热系统无法正常运转,使城镇基础设施全面瘫痪;

⑥城镇气源或供气系统中燃气组分发生变化导致无法满足终端用户设备正常使用的。

2)重大燃气事件(Ⅱ级)

凡发生以下情况之一,均属于该类事件:

①次高压以上级别的燃气供应系统、压缩天然气供应站、液化天然气供应站、液化石油气储罐站、液化石油气管网(包括气化或混气方式的供气系统)、瓶装液化气供应站、车用燃气加气站等燃气供应系统及用于燃气运输的特种车辆发生燃气火灾、爆炸或发生燃气泄漏,严重影响局部地区燃气供应及危及公共安全;

②供气系统发生异常导致局部地区超压运行或供气紧张,达到《关于发生天然气供应系统重特大事故时预警分级、报送方式及应急对策》所规定的黄色以上警报的等级;

③居民用户停气数量在 1 万(含)至 2 万户(不含),且连续停气时间在 24 小时(含)以上;高等院校的公共食堂连续停气 24 小时(含)以上;

④发生死亡 3 人(含)以上,或重伤 10 人(含)以上,死、重伤合计 10 人(含)以上,或经济损失 10 万元(含)至 50 万元(不含)以下的用户事故;

⑤根据气象预报,未来三天内持续高温或低温,且经过预测三天内的城镇燃气日用气负荷均高于上游供气单位日指定计划的 5%,或液化气储量连续两天低于燃气供应企业年均日供气量的 10 倍;

⑥次生灾害严重影响其他市政设施正常使用的;

⑦事件发生在重要政治活动、体育活动、经济活动举办地区,或使馆区等敏感区域,可能造成重大国际影响的;

⑧造成夏季供电高峰期的燃气电厂停气或供暖期间城镇各大集中供热厂停气的事故;

⑨SCADA 系统瘫痪短期内无法恢复,导致无法正常监控供气系统运行的事件;

⑩在城镇交通干道和大型公共建筑或人群聚居区,如广场、车站、医院、机场、大型商场超市等重点防火单位和地区,发生因燃气泄漏导致的火灾、爆炸,造成人员伤亡、交通中断的事故。

3)一般燃气突发事件(Ⅲ级)

凡发生以下情况之一,均属于该类事件:

①居民用户停气数量在300户(含)至10000户(不含)以下,且在24小时(不含)以内无法恢复供应的;

②各级燃气供应系统发生的燃气泄漏、中毒、火灾、爆炸事件,能够通过启动燃气供应企业应急预案及时处置,且在事发时和处置过程中没有危及到用户安全,没有造成人身伤亡和较大社会影响;

③供暖期间造成居民采暖锅炉停气,形成较大影响供热事件;

④发生死亡3人(不含)以下,或重伤10人(不含)以下,或经济损失5万元(含)至10万元(不含)的用户事故。

4)普通燃气突发事件(Ⅳ级)

凡发生以下情况之一,均属于该类事件:

①居民用户停气数量在300户(不含)以下,且在24小时(不含)以内无法恢复供应的;

②各级燃气供应系统发生的燃气泄漏,但未发生中毒、火灾、爆炸事件,能够通过启动燃气供应企业应急预案及时处置,且在事发时和处置过程中没有危及到用户安全,没有造成人身伤害和较大社会影响;

③在燃气供应企业日常生产运营自主发现和处置范围内,且在事发时和处置过程中没有危及到用户安全,没有造成人身伤害和较大社会影响的;

④发生经济损失5万元(不含)以下,且无重大人身伤亡的用户事故。

9.1.2　应急响应工作

应急工作指导原则:以科学合理供气、保障安全用气为出发点,以维护社会稳定为目的,建立"统一指挥、分级负责、条块结合、属地为主、快速处置、增强意识、预防为主"的燃气突发事件应急体系,最大限度地减轻燃气突发事件的影响。

1)应急响应

(1)事故信息来源

①燃气供应企业设置并向社会公布24小时应急值守电话,收集报警信息。

②燃气供应企业通过城市管网SCADA监控系统随时监测分析所有监控站点运行状态,并收集报告报警信息。

③燃气供应企业巡检人员通过巡检,发布报警信息。

④政府有关部门通过专用信息通道,向燃气供应企业发布报警信息。

⑤通过其他各种渠道,传递到燃气供应企业的报警信息。

(2)应急值守

①燃气供应企业设置24小时应急值守机构,并向社会公布应急值守电话,及时收集、发布事故信息,调度应急抢险队伍。

②燃气供应企业应设置专业应急抢险队伍或委托具有应急抢险资质的企业24小时应急值守。

③应急抢险队伍应设置应急抢险设备物资库,保证各类应急抢险设备物资齐全有效。

(3)应急响应流程(图9.1)

(4)应急响应流程说明

①燃气供应企业应急值守机构负责处理内部(燃气供应企业自查)、外部(社会、政府相关部门及其他信息来源)的报警信息。

②燃气供应企业应急值守机构接到报警信息后,初步判断事故等级,启动应急预案调派应急抢险队伍到现场处置。

③燃气供应企业应急抢险队伍到达事故现场,确认事故信息,反馈本企业应急值守机构;采取有效措施控制事故现场,制订应急处置方案,报本企业应急值守机构审批备案(审批工作应由燃气供应企业的专家组负责)。

④燃气供应企业应急值守机构根据事故现场反馈信息,确定事故等级,请专家组审批应急处置方案。已进行初报的,继续续报;未初报但达到Ⅲ级(含)以上的,需按政府相关部门的要求初报。报警信息来源为政府相关部门的,必须反馈事故现场信息及事故等级。若需要其他应急抢险部门、队伍配合的,由政府职能部门进行协调调度。

⑤应急处置方案经专家组审批通过后,燃气供应企业应急值守机构通知燃气供应企业应急抢险队伍实施。涉及其他应急抢险部门、队伍配合的,由燃气供应企业应急抢险队伍现场指挥部统一指挥,实施应急处置方案。

⑥应急处置方案实施过程中,遇有突发状况,事故影响、范围扩大,按照事故预案升级响应,及时报政府职能部门。

⑦应急处置作业结束,确认险情排除,恢复正常燃气供应,燃气供应企业应急抢险队伍报本企业应急值守机构。

⑧已进行初报的,由燃气供应企业应急值守机构向政府职能部门进行终报。

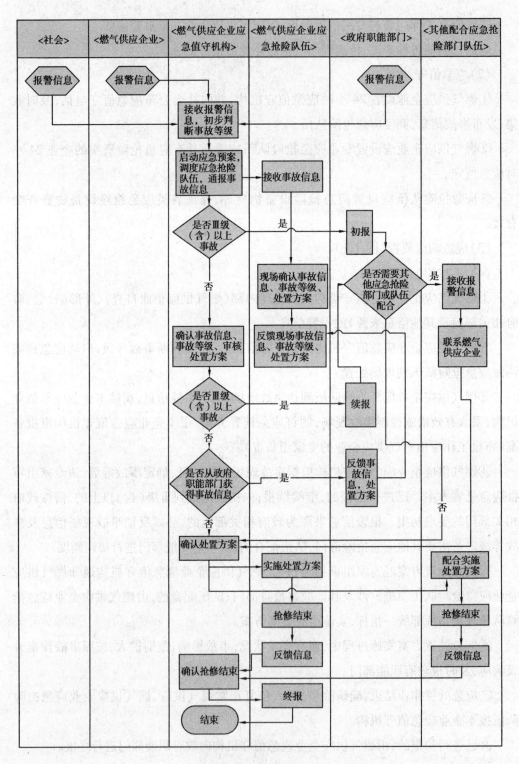

图 9.1 应急响应流程图

2）事故现场要求

（1）应急响应人员

事故现场应急响应人员职责要求有：

①判断风向并将应急抢险车辆停放在上风向的安全地区；

②严格控制火种，并从上风向谨慎靠近事件地点；

③携带保护自身安全的装备，如防爆对讲机、气体检测仪、防爆手电等；

④进入泄漏或疑似泄漏区域，必须穿防静电防护服，配戴防护装备；

⑤当气体检测显示对呼吸有危害时，必须配戴呼吸器进入该区域；

⑥当配戴自给式呼吸装置进入呼吸不安全区时，在区域外必须有配戴类似装备的监护人员；

⑦必须首先辨认危险源，避免危及自身、他人和周边公众安全的行动或行为，并将安全状况和处置措施及时报给现场应急指挥；

⑧遇无法立即处置但又对生命和健康产生直接危害的作业必须及时停止。

（2）现场应急指挥员

事故现场应急指挥员职责要求有：

①在保证应急响应人员安全的前提下，制订应急处置方案，确定明确告知应急响应人员疏散的方法、紧急集合地点、疏散路线；

②确保事故现场所有危险因素均已分析并采取针对性的合理有效措施；

③确保应急响应人员和事故区域周边人员的绝对安全，如果应急抢险作业对生命和健康会造成直接威胁，要立即停止作业，疏散人员至安全区域。

9.2

户外燃气事故的处理措施

9.2.1　储配站内现场应急处理措施

（1）储气罐本体因腐蚀穿孔、焊缝开裂造成大量漏气的现场处置方案

①根据燃气泄漏量划定警戒区域。如果泄漏的燃气量大，威胁到周边居民安全时，应配合当地政府有关部门对周边居民进行疏散，同时消除警戒区域内所有火种，必要时

请交管部门协助对事故区域周边实施交通管制,同时请消防部门到场备防。

②如事故储气罐周边有其他储气罐,关闭其他储气罐进出口阀门,同时关闭事故储气罐进罐阀门,打开出口阀门对储气罐进行降压,当储气罐压力降至与管网压力持平时,关闭储气罐出口阀门。

③打开储气罐放散阀门,利用放散塔进行放散。

④当漏气险情得到控制,不会对周围居民造成威胁时,解除厂外警戒线,恢复交通。

⑤当压力降至低压时关闭放散阀门,在事故储气罐进出口阀门处加盲板,将该储气罐撤出运行。利用储气罐排污阀门注入氮气对储气罐进行置换,氮气置换合格后进行维修。

⑥打开其他储气罐进出口阀门,恢复正常运行。

⑦事故储气罐维修完毕后,重新置换投入运行。

(2)与储气罐直接相连的第一个阀门阀体(含进出罐阀门、放散阀门、排污阀门、压力表)漏气或法兰接口、人孔盖板、温度计漏气的现场处置方案

①~⑥条同 9.2-1 情况(1)的相应内容。

⑦氮气置换合格后,对损坏的阀门或法兰垫片进行更换。

⑧更换完成后撤除盲板,使用燃气置换氮气,对储气罐进行升压,在升压过程中随时进行测漏,达到工作压力不漏为合格。

⑨升压完成后,打开储气罐出口阀门,恢复正常运行。

⑩凡与储气罐相连的第二个阀门阀体(含进出罐阀门、放散阀门、排污阀门、压力表)或法兰接口漏气,则关闭储气罐第一道阀门,使漏气设备与储气罐断开后,再更换设备。

(3)调压间(储配站内)内发生燃气泄漏事故的应急处置方案

①当调压间内发生燃气泄漏事故时,根据工况需要,调整其他储配站、调压站负荷。

②根据燃气泄漏量划定警戒区域。如果泄漏出的燃气量大,威胁到周边居民安全时,配合当地政府有关部门对周边居民进行疏散,同时消除警戒区域内所有火种,必要时请交管部门协助对厂区周边实施交通管制,同时请消防部门到场备防。

③关闭调压间进出口阀门,如果调压间撤出运行会影响到城市管网的运行,可以打开越站旁通供气系统阀门供气,或进行其他管网工况调整。

④打开调压间门窗以及防爆风机进行通风。

⑤打开放散阀门进行放散降压。

⑥漏气处置:

a. 如果是设备损坏或法兰连接处漏气,则关闭漏气部位两端阀门,将该管道内燃气

放空,更换设备或法兰垫片。若所关阀门不严,则加盲板。

b. 如果是管道因腐蚀或断裂造成漏气,则关闭漏气或断裂部位两端阀门,将该管道内燃气放空,加盲板,置换吹扫合格后进行修复或更换管道作业(焊接完成后,必须对焊口进行拍片、无损探伤检查)。

⑦抢修完毕后,拆除盲板,打开关闭的阀门恢复供气。

(4)与储气罐直接相连的第一个阀门阀体(含进出罐阀门、放散阀门、排污阀门、压力表)漏气或法兰接口、人孔盖板、温度计因燃气泄漏发生着火事故的现场处置方案

①立即拨打 119、110 报警,讲清着火地点、着火性质、火势大小,并派专人到站外等候。

②根据燃气泄漏量划定警戒区域。如果泄漏出的燃气量大,威胁到周边居民安全时,配合当地政府有关部门对周边居民进行疏散,必要时请交管部门协助对储配站区周边实施交通管制,同时请消防部门到场备防。

③如事故储气罐周边有其他储气罐,关闭其他储气罐进出口阀门,同时关闭事故罐进罐阀门,打开出罐阀门对该储气罐进行降压,当储气罐压力降至与管网压力持平时,关闭储气罐出口阀门。

④当火势威胁到其他储气罐安全时,启动站区消防水炮或请消防人员对其他储气罐喷水进行降温。

⑤在确保安全的前提下,打开事故储气罐放散阀门,利用放散塔进行放散。

⑥当压力降至火势可以控制时,迅速将火扑灭,并立即采取临时堵漏措施进行堵漏。

⑦当漏气险情得到控制,不会对周围居民造成威胁时,解除储配站外警戒线,恢复交通。

⑧继续放散降压,当压力降至微正压时关闭放散阀门。

⑨在事故储气罐进、出口阀门处加盲板,将该储气罐撤出运行。利用氮气对该储气罐进行置换。氮气置换合格后,进行相应的维护检修。

⑩打开其他储气罐进出口阀门,恢复正常运行。

(5)与储气罐相连的第二个阀门阀体(含进出罐阀门、放散阀门、排污阀门、压力表)漏气或法兰接口、人孔盖板、温度计因燃气泄漏发生着火事故现场处置方案

①~⑤条同情况(5)的相应内容。

⑥当压力降至火势可以控制时,迅速将火扑灭,关闭储气罐第一道阀门,使漏气设备与储气罐断开。

⑦当漏气险情得到控制,不会对周围居民造成威胁时,解除储配站外警戒线,恢复

交通。

⑧继续放散降压,当压力降至微正压时关闭放散阀门。

⑨更换故障设备,更换完毕后,对管道通气置换,打开储气罐第一道阀门,对储气罐进行充气升压,并对更换部位进行逐级升压检漏。

⑩打开其他储气罐进出口阀门,恢复正常运行。

(6)调压间发生着火事故现场处置方案

①立即拨打119、110报警,讲清着火地点、着火性质、火势大小,并派专人到站外迎接。

②划定警戒区域,如果险情威胁到周边居民安全时,配合当地政府对周边居民进行疏散,必要时请交管部门协助对储配站周边实施交通管制。

③关闭调压间进出口阀门,打开放散阀门进行放散降压。如果调压间撤出运行会影响到城市管网的运行,可以打开越站供气系统阀门供气,或采取其他管网工况调整措施。

④当管道内燃气压力降低,火势可以控制时,迅速将火扑灭,立即对漏气点采取临时堵漏措施。

⑤对漏气部位进行修复。

⑥对调压间其他受损部位和设施进行修复。

⑦修复工作完成后进行全面检查,确认无误后恢复供气。

(7)加臭系统发生加臭剂泄漏的现场处置方案

①发现加臭剂泄漏,应急处置人员立即穿着防化服,佩戴自给正压式呼吸器,赶赴现场,根据泄漏程度确定警戒区,树立警示标牌,严禁无关人员入内,在警戒区内严禁明火。

②切断泄漏源,防止臭液进入下水道、排洪沟等地下沟渠。

③采取措施构筑围堤或挖坑收容,用泡沫覆盖,降低蒸气灾害。

④将残液用防爆泵转移至槽车或专用收集器内,回收或运至专业厂家进行无害化处理。

⑤对泄漏部位进行维修。当本企业处理能力达不到时,立即向政府有关部门报告,请专业抢险队伍到场进行处置。

(8)加臭剂储罐发生着火事故的现场处置方案

①立即拨打119火警电话。

②站内值班人员或应急处置人员对加臭剂储罐喷雾状水,保持储罐冷却。

③消防队员到场后,同时使用雾状水、抗溶性泡沫、干粉或二氧化碳灭火器扑灭

火焰。

④对加臭剂储罐进行处置修复。

(9)加臭系统发生停电事故的现场处置方案

①立即启动备用发电设备进行发电,保证加臭泵正常运转。

②如果无法保证加臭泵正常运转,则立即调整其他门站供气负荷,将该站停止运行,待加臭装置修复后再恢复运行。

9.2.2 管网现场应急处理措施

1)管道事故

(1)次高压A级(不含)以上天然气管线漏气的现场处置方案

①应急处置人员赶到现场后,立即根据泄漏污染程度确定警戒区,树立警示标牌,在警戒区内严禁明火;必要时应进行交通管制,疏散无关人员。

②凡阻断交通时,要视漏气情况而定:如果泄漏量大、压力高时,先封断交通道路,同时报告政府相关部门;如果泄漏量小,可以报政府相关部门批准后,在夜间交通流量不大时进行临时断路抢修。

③此类级别的管道及附属设施泄漏抢修时应立即上报政府相关部门,启动相应预案:如是环线,关闭漏气点两端阀门;如是支线,关闭漏气点来气方向截门。如果关闭的闸门区域内带有次高压A级以上调压站,该站的出口管线与其他同级制管线有连通,可以将该站停运,进行抢修;如果漏气点两侧最近的闸门之间没有次高压A级以上调压站或箱,应在关闭的闸井内漏气方向一侧的放散管上安装硬放散装置,以配合抢险修漏。

④利用调压站或硬放散装置,将事故管段的燃气放空,使用氮气对管道进行置换,开挖出工作坑后,由应急处置人员进行焊接或换管作业。

⑤在对焊口进行焊接质量检测和打压合格后,重新注氮气,再对管道进行燃气置换,利用关闭闸井内的跨接管进行逐级升压,检漏合格后恢复运行压力,当阀门前后压力持平后,打开所有关闭闸井内的主阀门。

⑥将抢修涉及范围内全部设施恢复正常。

(2)次高压级天然气管线漏气的现场处置方案

①应急处置人员赶到现场后,首先根据燃气泄漏程度确定警戒区,树立警示标牌,在警戒区内严禁明火,漏气严重的情况下进行交通管制,严禁无关人员入内。

②凡阻断交通时,要视漏气情况而定:如果泄漏量大、压力高时,先封断交通道路,同时报告政府相关部门;如果泄漏量小,可以报政府相关部门批准后,在夜间交通流量

不大时进行临时断路抢修。

③启动相应预案:如是环线,关闭漏气点两端阀门;如是支线,关闭漏气点来气方向截门。

● 如果关闭的闸门区域内带有次高压级调压站或箱,并且该站的出口管线是支线,将漏气管道的压力降至带气作业压力,有"必保用户"时使用临时气源为用户供气。该站的出口管线与其他同级制管线有连通,可以将该站停运,进行抢修。

● 如果漏气点两侧最近的闸门之间没有次高压级调压站或箱,应在关闭的闸井内漏气方向一侧的放散管上安装带观测压力硬放散,以配合抢险修漏。

④应急处置人员可进行带气补漏焊接。

⑤补漏结束后,利用关闭闸井内的跨接管进行逐级升压,检漏合格后全部开启抢修中所关闭的闸门,关闭跨接截门,恢复供气。

⑥将抢修涉及范围内全部设施恢复正常。

(3)中压燃气管线发生漏气的现场处置方案

①中压环状管线发生漏气,漏气点上、下游最近一道闸门间没有燃气调压站、箱以及中压燃气用户的情况:

a. 在运行工作中发现中压燃气管线发生漏气时,要使用燃气检测仪测试气体浓度,判断泄漏量大小,并且立即上报漏气情况。

b. 燃气浓度达到或超过爆炸下限时,要立即扩大检测范围,对附近的地下市政设施井及其他地下空间进行检测。

c. 凡检测有燃气浓度的地下市政设施井或其他地下空间,采取自然通风或强制通风措施降低燃气浓度。在确定漏气范围之后,应立即设立围挡、火险警戒线,树立警示标牌,阻断或疏导车辆和行人,同时向政府相关部门报告。

d. 应急处置人员携带相关工具设备,赶赴现场,利用钻孔机或打孔方法确定漏气具体地点。

e. 应急指挥人员制订降压方案,同时安排操作人员在漏气点上、下游最近一道闸门处持通信器材待命。

f. 分别关闭漏气点上、下游最近的闸门,并在漏气点一侧加装盲板,将闸门间管道内燃气吹扫干净,使燃气浓度为零。

g. 实施应急处置方案,由应急处置人员对管线进行修复或更换。

h. 修复或更换完毕,将漏气点上游或下游关闭的闸门打开进行燃气置换,合格后缓慢升压,恢复正常供气。

②中压环状管线发生漏气,漏气点上、下游最近一道闸门间有燃气调压站、箱或中

压燃气用户的情况：

　　a. 在运行工作中发现中压燃气管线发生漏气时，要使用燃气检测仪测试气体浓度，判断泄漏量大小，并且立即上报漏气情况。

　　b. 燃气浓度达到或超过爆炸下限时，要立即扩大检测范围，对附近的地下市政设施井及其他地下空间进行检测。

　　c. 凡检测有燃气浓度的地下市政设施井或其他地下空间，采取自然通风或强制通风措施降低燃气浓度。在确定漏气范围之后，应立即设立围挡、火险警戒线，树立警示标牌，阻断或疏导车辆和行人，同时向政府相关部门报告。

　　d. 应急处置人员携带相关工具设备，赶赴现场，利用钻孔机或打孔方法确定漏气具体地点。

　　e. 应急指挥人员制订降压方案，同时安排操作人员在漏气点上、下游最近一道闸门及降压范围内的调压站、箱、中压用户处持通信器材待命。

　　f. 分别关闭漏气点上、下游最近的闸门，利用此段管道上带的中压燃气调压站、箱或中压用户处的放散管进行降压，并在该处观测压力；也可利用"已关闭的漏气点上、下游最近的闸门"靠近漏气点一侧的放散管降压，并观测压力，将管道内压力降至低压作业压力。

　　g. 控制一道"已关闭的漏气点上游或下游的闸门"重新供气，将管道内压力控制在低压作业压力范围内。降压范围内如有调压站、箱，且该调压站、箱低压出线没有连通线，则打开站、箱内中低压旁通，保证低压管网微正压。如有中压用户则暂时停止中压用户用气。有"必保用户"时使用临时气源为用户供气。

　　h. 实施应急处置方案，由应急处置人员对管线进行修复或更换。

　　i. 恢复或更换完毕，将降压范围内调压站、箱内中低压旁通关闭，打开漏气点上、下游抢修中关闭的闸门，进行升压，恢复正常供气。

　　③单向气源中压管网发生漏气的情况：

　　a. 在运行工作中发现中压燃气管线发生漏气时，要使用燃气检测仪测试气体浓度，判断泄漏量大小，并且立即上报漏气情况。

　　b. 燃气浓度达到或超过爆炸下限时，要立即扩大检测范围，对附近的地下市政设施井及其他地下空间进行检测。

　　c. 凡检测有燃气浓度的地下市政设施井或其他地下空间，采取自然通风或强制通风措施降低燃气浓度。在确定漏气范围之后，应立即设立围挡、火险警戒线，树立警示标牌，阻断或疏导车辆和行人，同时向政府相关部门报告。

　　d. 应急处置人员携带相关工具设备，赶赴现场，利用钻孔机或打孔方法确定漏气具体地点。

e.应急指挥人员制订降压方案,同时安排操作人员在漏气点上最近一道闸门及降压范围内的调压站、箱、中压用户处持通信器材待命。

f.抢修期间关闭上游的闸门利用跨接进行补气,在下游调压站(箱)或中压用户处进行放散及压力观测,将泄漏的中压管线内的压力调整为修漏抢险时的作业压力(100~500 Pa),用调压站(箱)内旁通管保证低压管网为正压(或暂时停止中压用户用气),有"必保用户"时使用临时气源为用户供气。

g.由应急处置人员对管线漏点进行修复。

h.修复作业结束,打开上游闸门,恢复正常供气。

(4)低压燃气管线发生漏气的现场处置方案

①低压环状管线发生漏气,漏气点上、下游最近一道闸门间没有燃气用户的情况:

a~g条同"(3)中压燃气管线发生漏气的现场处置方案"中情况①的前7条。

h.修复完毕,打开闸门,恢复供气。

②低压环状管线发生漏气,上、下游最近一道闸门间有燃气用户的情况:

a.在运行工作中发现低压燃气管线发生漏气时,要使用燃气检测仪测试气体浓度,判断泄漏量大小,并且立即上报漏气情况。

b.燃气浓度达到或超过爆炸下限时,要立即扩大检测范围,对附近的地下市政设施井及其他地下空间进行检测。

c.凡检测有燃气浓度的地下市政设施井或其他地下空间,采取自然通风或强制通风措施降低燃气浓度。在确定漏气范围之后,应立即设立围挡、火险警戒线,树立警示标牌,阻断或疏导车辆和行人,同时向政府相关部门报告。

d.应急处置人员携带相关工具设备,赶赴现场,利用钻孔机或打孔方法确定漏气具体地点。

e.应急指挥人员制订降压方案,同时安排操作人员在上游调压站(箱)处持通信器材待命。

f.利用上游调压站(箱)将泄漏的低压管线内的压力调整为修漏抢险时的作业压力(100~500 Pa),下游有"必保用户"时使用临时气源为用户供气。

g.由应急处置人员对管线漏点进行修复。

h.修复作业结束,恢复正常供气。

③单向气源低压闸井发生漏气的情况:

所采取措施同上"③单向气源低压闸进发生漏气的情况"。

2)管道闸井(阀室)的事故

(1)次高压 A 级(不含)以上闸井(阀室)漏气的现场处置方案:

①根据泄漏污染程度确定警戒区,并树立警示标牌,在警戒区内严禁明火;报告政府相关部门,必要时应进行交通管制,疏散无关人员。

②对支状管线上的闸井(阀室)降压抢修同时,对用户采用临时供气装置供气。

③对次高压 A 级以上闸井(阀室)更换设备、法兰垫和焊口漏气修复时必须在将管道内的燃气全部放空后进行。

④抢修时需关闭泄漏闸井(阀室)气源阀门,如带有调压站应利用调压站进行降压,当进站压力与出口压力基本持平时关闭调压站出口阀门,利用调压站内放散将燃气放空(动火切接作业,必须使用氮气对管道进行置换),闸井(阀室)盖板掀起后,由应急处置人员进行抢修工作。

⑤在对闸井(阀室)各类接口质量检测或打压合格后,对管道进行燃气置换,利用关闭阀门的硬跨接管进行逐级升压,检漏,阀门前后压力持平后,打开所有关闭闸井内的主阀门。

(2)次高压级闸井(阀室)漏气现场处置方案

①根据泄漏污染程度确定警戒区,并树立警示标牌,在警戒区内严禁明火;报告政府相关部门,必要时应进行交通管制,疏散无关人员。

②关闭漏气闸井来气方向最近的闸门。

• 如果关闭的闸门区域内带有次高压 B 级以上调压站或箱,并且该站或箱的出口管线与其他同级制管线没有连通,安排应急处置人员在中低压调压站、箱利用跨接、及站内旁通管向低压管线充气以保持正压,使用临时气源为用户供气。

• 如该站的出口管线与其他同级制管线有连通,可以将该站停运,进行抢修。

• 如果漏气点两侧最近的闸门之间没有次高压 B 级以上站或箱,应在关闭的闸井内闸井漏气方向一侧的放散管上带安装观测压力处放散,以配合抢险修漏。

③闸井盖板掀开后,将管道的压力降至带气作业压力。

④应急处置人员开始补焊或更换设备。

⑤补焊完毕或设备更换结束后,利用硬跨接截门逐级升压、试压,对设备法兰接口检测合格后,全部开启关闭闸门,恢复各级调压站(箱)供气。

⑥对管网进行降压。具体步骤执行同次高压管道漏气现场处置。

(3)中压闸井漏气的现场处置方案

①中压环状管线上闸井发生漏气,漏气闸井上、下游最近一道闸门间没有燃气调压

站、箱以及中压燃气用户的情况：

a.在运行工作中发现中压燃气闸井发生漏气时,要使用燃气检测仪测试气体浓度,判断泄漏量大小,并且立即上报漏气情况。

b.燃气浓度达到或超过爆炸下限时,要立即扩大检测范围,对附近的地下市政设施井及其他地下空间进行检测。

c.凡检测有燃气浓度的地下市政设施井或其他地下空间,采取自然通风或强制通风措施降低燃气浓度。应立即设立围挡、火险警戒线,树立警示标牌,阻断或疏导车辆和行人,同时向政府相关部门报告。

d.应急处置人员携带相关工具设备,赶赴现场。

e.应急指挥人员制订降压方案,同时安排操作人员在漏气闸井上、下游最近一道闸门处持通信器材待命。

f.分别关闭漏气闸井上、下游最近的闸门,并在漏气闸井一侧加装盲板,将闸门间管道内燃气吹扫干净,使燃气浓度为零。

g.实施应急处置方案由应急处置人员对闸井内设施进行修复。

h.修复完毕,将漏气闸井上游或下游关闭的闸门打开进行燃气置换,合格后缓慢升压,恢复正常供气。

②中压环状管线上闸井发生漏气,漏气点上、下游最近一道闸门间有燃气调压站、箱或中压燃气用户的情况：

a.在运行工作中发现中压燃气闸井发生漏气时,要使用燃气检测仪测试气体浓度,判断泄漏量大小,并且立即上报漏气情况。

b.燃气浓度达到或超过爆炸下限时,要立即扩大检测范围,对附近的地下市政设施井及其他地下空间进行检测。

c.凡检测有燃气浓度的地下市政设施井或其他地下空间,采取自然通风或强制通风措施降低燃气浓度。在确定漏气范围之后,应立即设立围挡、火险警戒线,树立警示标牌,阻断或疏导车辆和行人,同时向政府相关部门报告。

d.应急处置人员携带相关工具设备,赶赴现场。

e.应急指挥人员制订降压方案,同时安排操作人员在漏气闸井上、下游最近一道闸门及降压范围内的调压站、箱、中压用户处持通信器材待命。

f.分别关闭漏气点上、下游最近的闸门,利用此段管道上的中压燃气调压站、箱或中压用户处的放散管进行降压,并在该处观测压力;也可利用"已关闭的漏气闸井上、下游最近的闸门"靠近漏气点一侧的放散管降压,观测压力,将管道内压力降至低压作业压力。

g. 控制一道"已关闭的漏气点上游或下游的闸门"重新供气,将管道内压力控制在低压作业压力范围内。降压范围内如有调压站、箱,且该调压站、箱低压出线没有连通线,则打开站、箱内中低压旁通管,保证低压管网微正压。如有中压用户则暂时停止中压用户用气。有"必保用户"时使用临时气源为用户供气。

h. 实施应急处置方案由应急处置人员对闸井进行修复。

i. 修复完毕,将降压范围内调压站、箱内中低压旁通关闭,打开漏气点上、下游关闭的闸门进行升压、恢复正常供气。

③单向气源中压闸井发生漏气:

a. 在运行工作中发现中压燃气闸井发生漏气时,要使用燃气检测仪测试气体浓度,判断泄漏量大小,并且立即上报漏气情况。

b. 燃气浓度达到或超过爆炸下限时,要立即扩大检测范围,对附近的地下市政设施井及其他地下空间进行检测。

c. 凡检测有燃气浓度的地下市政设施井或其他地下空间,采取自然通风或强制通风措施降低燃气浓度。在确定漏气范围之后,应立即设立围挡、火险警戒线,树立警示标牌,阻断或疏导车辆和行人,同时向政府相关部门报告。

d. 应急处置人员携带相关工具设备,赶赴现场。

e. 应急指挥人员制订降压方案,同时安排操作人员在漏气闸井上游最近一道闸门、降压范围内的调压站、箱、中压用户处持通信器材待命。

f. 抢修期间利用降压范围内的调压站(箱)或中压用户处进行放散及压力观测,将泄漏的中压管线内的压力调整为修漏抢险时的作业压力($100 \sim 500$ Pa),用调压站(箱)内旁通管保证低压管网为正压(或暂时停止中压用户用气),有"必保用户"时使用临时气源为用户供气。

g. 由应急处置人员对漏气闸井进行修复。

h. 修复作业结束,打开上游闸门,恢复正常供气。

(4)低压燃气闸井发生漏气的现场处置方案

①低压环状管线上闸井发生漏气,漏气闸井上、下游最近一道闸门间没有燃气用户的情况:

a. 在运行工作中发现低压燃气管线发生漏气时,要使用燃气检测仪测试气体浓度,判断泄漏量大小,并且立即上报漏气情况。

b. 燃气浓度达到或超过爆炸下限时,要立即扩大检测范围,对附近的地下市政设施井及其他地下空间进行检测。

c. 凡检测有燃气浓度的地下市政设施井及其他地下空间,采取自然通风或强制通风措施降低燃气浓度。在确定漏气范围之后,应立即设立围挡、火险警戒线,树立警示标牌,阻断或疏导车辆和行人,同时向政府相关部门报告。

d. 应急处置人员携带相关工具设备,赶赴现场。

e. 应急指挥人员制订降压方案,同时安排操作人员在漏气点上、下游最近闸门处持通信器材待命。

f. 分别关闭漏气点上、下游最近的闸门,并在漏气点一侧加装盲板,将闸门间管道内燃气吹扫干净,使燃气浓度为零。

g. 实施应急处置方案,由应急处置人员对管线进行修复或更换。

h. 修复完毕,打开闸门,恢复供气。

②低压环状管线上闸井发生漏气,漏气闸井上、下游最近一道闸门间有燃气用户的情况:

a. 在运行工作中发现低压燃气闸井发生漏气时,要使用燃气检测仪测试气体浓度,判断泄漏量大小,并且立即上报漏气情况。

b. 燃气浓度达到或超过爆炸下限时,要立即扩大检测范围,对附近的地下市政设施井及其他空间进行检测。

c. 凡检测有燃气浓度的地下市政设施井或其他地下空间,采取自然通风或强制通风措施降低燃气浓度。在确定漏气范围之后,应立即设立围挡、火险警戒线,树立警示标牌,阻断或疏导车辆和行人,同时向政府相关部门报告。

d. 应急处置人员携带相关工具设备,赶赴现场。

e. 应急指挥人员制订降压方案,同时安排操作人员在上游调压站(箱)处持通信器材待命。

f. 利用上游调压站(箱)将泄漏的低压管线内的压力调整为修漏抢险时的作业压力(100~500 Pa),下游有"必保用户"时使用临时气源为用户供气。

g. 由应急处置人员对闸井漏点进行修复。

h. 修复作业结束,恢复正常供气。

③单向气源低压闸井发生漏气的情况:

a. 在运行工作中发现低压燃气闸井发生漏气时,要使用燃气检测仪测试气体浓度,判断泄漏量大小,并且立即上报漏气情况。

b. 燃气浓度达到或超过爆炸下限时,要立即扩大检测范围,对附近的地下市政设施井及其他地下空间进行检测。

c. 凡检测有燃气浓度的地下市政设施井或其他地下空间,采取自然通风或强制通风措施降低燃气浓度。在确定漏气范围之后,应立即设立围挡、火险警戒线,树立警示标牌,阻断或疏导车辆和行人,同时向政府相关部门报告。

d. 应急处置人员携带相关工具设备,赶赴现场。

e. 应急指挥人员制订降压方案,同时安排操作人员在上游调压站(箱)处持通信器材待命。

f. 利用上游调压站(箱)将泄漏的低压管线内的压力调整为修漏抢险时的作业压力(100~500 Pa),下游有"必保用户"时使用临时气源为用户供气。

g. 由应急处置人员对闸井漏点进行修复。

i. 修复作业结束,恢复正常供气。

3)调压站(箱)的事故

(1)次高压(含)以上级制调压站(箱)漏气现场处置方案

①下游调压站(箱)有环网的情况:

a. 关闭调压站(箱)进出口阀门。

b. 如有,打开防爆风机强制通风。

c. 打开调压站(箱)放散阀门进行降压,将燃气放空。

d. 随时监测调压间(箱)内燃气浓度,确保燃气浓度小于1%。

e. 如果是阀门、调压器等设备本体或法兰垫损坏,则进行更换。

f. 如果需要动火修复,则在调压站(箱)进出口阀门处加盲板,利用氮气进行置换,然后进行抢修。

g. 修复完毕,撤盲板,置换,升压检漏,合格后恢复原工况运行。

②下游调压站(箱)无环网的情况:

a. 利用进站阀门前、出站阀门后的放散做跨接,临时补气。

b. 关闭进出站(箱)阀门。

c. 如有,打开防爆风机强制通风。

d. 打开调压间(箱)放散阀门进行降压,将燃气放空。

e. 随时监测调压间(箱)内燃气浓度,确保燃气浓度小于1%。

f. 如果是阀门、调压器等设备本体或法兰垫损坏,则进行更换。

g. 如果需要动火修复,则在调压站(箱)进出口阀门处加盲板,利用氮气进行置换,然后进行修复。

h. 修复完毕,撤盲板,置换,升压检漏,合格后恢复原工况运行。

(2)中低压调压站(箱)漏气现场处置方案:

①低压管网有连通的情况:

a.打开低压连通阀门,由其他站供气。

b.关闭调压站(箱)进出口阀门。

c.如有,打开防爆风机强制通风。

d.打开调压间(箱)放散阀门进行降压,将燃气放空。

e.随时监测调压间(箱)内燃气浓度,确保燃气浓度小于1%方可操作。

f.如果是阀门、调压器等设备本体或法兰垫损坏,则进行更换。

g.如果需要动火修复,则在调压站(箱)进出口阀门处加盲板,利用氮气或空气进行置换,然后进行修复。

②低压管网无连通或是单台供气的情况:

a.通知用户停气,在用户端使用临时补气装置保压。受影响调压站(箱)安排人员值班。

b.关闭调压站(箱)进出口阀门。

c.如有,打开防爆风机强制通风。

d.打开调压间(箱)放散阀门进行降压,将燃气放空。

e.随时监测调压间(箱)内燃气浓度,确保燃气浓度小于1%。

f.如果是阀门、调压器等设备本体或法兰垫损坏,则进行更换。

g.如果需要动火修复,则在调压站(箱)进出口阀门处加盲板,利用氮气或空气进行置换,然后进行修复。

h.修复完毕,撤盲板,置换,升压检漏,合格后恢复原工况运行。

③非单路供气调压站(箱)内调压器或流量计前后阀门间设备故障或漏气的情况:

a.打开备用路阀门,关闭漏气路阀门。

b.打开防爆风机强制通风。

c.将漏气路管道内压力放空。

d.随时监测调压间(箱)内燃气浓度,确保燃气浓度小于1%,再进行检修或更换设备。

e.如果需要动火,则在关闭阀门内侧加盲板,利用氮气或空气吹扫合格,然后动火进行修复。

f.修复完毕,撤盲板,置换,升压检漏,合格后恢复原工况运行。

(3)次高压B级以上调压器发生超压供气事故的现场处置方案

①调压器发生超压供气事故后,下游管网压力高于运行标准,应急处置人员需关闭故障调压器前后阀门。

②开启手动放散阀门,增加放散量降低下游管网压力。

③对压力记录进行检查,如果没有超过下游管道和调压器的设计压力,立即启动备用调压器,对故障调压器进行检修。

④如果超过下游管道和调压器的设计压力,立即对下游管道、调压器进行检查、检测,发现故障及时处置。

⑤恢复运行工况,对发生故障的调压站(箱)值班观测24小时。

(4)中低压调压器超压供气事故的现场处置方案

①超压送气时,报告政府相关部门,同时关闭故障调压器进出口闸门、检查出口记录仪表纸。

②如最高压力值在5000 Pa以内可缓慢启动备用调压器,现场观察压力变化。

③应急处置人员抽查户内燃气设施,确认无漏气现象后,在调压站值班2小时(或一个高峰:午高峰或晚高峰)。

④如果超压供气的压力值超出5000 Pa时,要立即关闭该站(箱)的进出口闸门,不能启动备用调压器。立即报告政府相关部门。

⑤应急处置人员检查户内燃气设施。

⑥当涉及连通站(箱)时,应急处置人员还需检查其他各连通站(箱)及所供气的用户,如发现已有设备设施损坏或漏气现象,立即进行应急处置。

⑦通知当地政府相关部门、物业管理部门或居委会,协助燃气用户进行关断燃气进口总闸门或户内表前支线闸门,同时拉闸停电,打开门窗通风等工作。

⑧应急处置人员入户维修、更换损坏燃气设施。

⑨应急处置人员重新挂表测压,对所有用户确认没有安全隐患之后,用燃气进行庭院管线及户内管线置换工作,全部合格时启动调压器恢复正常运行压力供气。

(5)中低压调压器失压供气事故的现场处置方案

①失压送气时,报告政府相关部门,同时关闭故障调压器进出口闸门,检查出口记录仪表纸。

②应急处置人员抽查户内燃气设施,确认无倒空现象后,缓慢启动备用调压器,现场观察压力变化。

③在调压站值班2小时(或一个高峰:午高峰或晚高峰)。

④如有倒空现象,通知当地政府相关部门、物业管理部门或居委会,协助燃气用户进行关断燃气进口总闸门。

⑤对所有用户确认没有安全隐患之后,用燃气进行庭院管线及户内管线置换工作,全部合格后启动调压器恢复正常运行压力供气。

9.3

户内燃气突发事故处理措施

1）室内燃气泄漏的应急处理

①切断气源，控制火源，对室内进行通风。

②划定警戒区，疏散无关人员。

③检查燃气系统的严密性，查找漏气点。

④由于用户设备引起的漏气，由用户联系设备维修人员进行维修或更换，设备正常后，再对其进行复气。

⑤由于燃气管线、设施原因引起的漏气，应急处置人员对其进行修复，经燃气系统严密性检查合格后对其进行复气。

2）因燃气供气设备损坏或发生故障造成停气的处理措施

（1）流量计发生故障

①关闭表前阀门。

②由流量计维修人员到达现场进行维修，或更换流量计。

③流量计故障排除后，经燃气系统严密性检查合格后对其进行复气。

（2）切断阀发生故障

①关闭切断阀前阀门。

②切断阀维修人员到达现场进行维修，或更换切断阀。

③修复后，经燃气系统严密性检查合格后对其进行复气。

（3）过滤器发生故障

①关闭过滤器前阀门。

②过滤器维修人员到达现场进行维护检修或更换过滤器。

③修复后，经燃气系统严密性检查合格后对其进行复气。

（4）引入口阀门发生故障

①确定故障点，设置警戒区，禁止明火，疏散无关人员。

②切断外管线气源，应急处置人员更换引入口阀门。

③待引入口阀门修复结束,经燃气系统严密性检查合格后对其进行复气。

3)着火应急处理方案

(1)非燃气引起的着火

①关闭引入口阀门。

②待消防部门灭火后,经相关部门允许组织应急处置人员进入室内,查看燃气设施,消防部门确认着火原因后,经政府相关部门同意,检测燃气系统严密性合格恢复供气。

(2)由燃气引起的着火

①如果室内已发生火灾,应立即关闭室内供气阀门,切断火源,迅速打开门窗,加强通风换气。在专业消防人员协作下进行,则按照以下步骤进行初步控制。

②如果是燃气泄漏着火,首先要找到泄漏点,关闭上游阀门,使燃烧终止。

③关阀断气灭火时,要不间断的冷却着火部位,灭火后防止因错关阀门而导致意外事故发生,还应考虑到关阀后是否会造成前一工序中的高温高压设备出现超温超压而发生爆破事故。

④在关阀断气之后,仍需继续冷却一段时间,防止复燃复爆。

⑤当火焰威胁关闭阀门难以接近时,可在落实堵漏措施的前提下,先灭火后关阀。

⑥可利用消防灭火剂对火苗进行扑灭。扑救燃气火灾,可选择干粉、二氧化碳等灭火剂灭火。

⑦对低压的漏气火灾,可采取堵漏灭火方式,用湿棉被、湿麻袋、湿布、石棉毡或黏土等封住着火口,隔绝空气,使火熄灭。

⑧待消防部门确认着火原因后,经政府相关部门同意,检测燃气系统严密性合格恢复供气。

4)燃气爆炸事故应急处理

燃气管道发生爆炸时应迅速切断电源,关闭引入口阀门,处理火灾事故,初步查明爆炸原因并做好现场记录,确认无第二次爆炸和火灾发生时,在政府相关部门、物业管理部门、业主确认后,对用户恢复供气。

5)气体窒息应急处理

当有人员出现窒息中毒情况时,及时上报政府相关部门并马上拨打医疗救援电话,请求支援。

现场应急指挥人员在确保安全的情况下,组织应急处置人员采取安全防护措施(穿戴防毒面具和安全帽等)将中毒窒息人员转移到安全通风处,医疗救援人员如未赶到现场,由燃气供应企业医护人员按照急救方法对窒息中毒人员进行急救。如果窒息中毒人员停止呼吸,应进行人工呼吸;如果出现呼吸困难应进行吸氧,保持患者温暖和安静。

9.4
应急预案编制导则

应急预案是应急准备的重要内容,必须形成可操作性的作业文件。应急预案应形成体系,针对各级各类可能发生的突发事件和所有危险源制订专项应急预案和现场应急处置方案,并明确事前、事发、事中、事后的各个过程中相关部门和有关人员的职责。

(1)应急预案编制原则、要求

应急预案的编制遵循综合协调、分类管理、分级负责、属地为主的原则。

应急预案的编制应当符合下列基本要求:

①符合有关法律、法规、规章和标准的规定;

②结合本企业的安全生产实际情况;

③结合本企业的危险性分析情况;

④应急组织和人员的职责分工明确,并有具体的落实措施;

⑤有明确、具体的事故预防措施和应急程序,并与应急能力相适应;

⑥有明确的应急保障措施,并能满足本企业的应急工作要求;

⑦预案基本要素齐全、完整,预案附件提供的信息准确;

⑧预案内容与相关应急预案相互衔接。

(2)综合应急预案,专项应急预案、现场处置方案

燃气供应企业根据有关法律、法规和《生产经营单位安全生产事故应急预案编制导则》(AQ/T 9002—2006),结合本企业的危险源状况、危险性分析情况和可能发生的事故特点,组织制订相应的应急预案。

应急预案按照针对情况的不同,分为综合应急预案、专项应急预案和现场处置方案。

①综合应急预案:应当包括应急组织机构及其职责、预案体系及响应程序、事故预防及应急保障、应急培训及预案演练等主要内容。

②专项应急预案:应当包括危险性分析、可能发生的事故特征、应急组织机构与职责、预防措施、应急处置程序和应急保障等内容。

对于某一种类的风险,燃气供应企业应当根据存在的重大危险源和可能发生的事故类型,制订相应的专项应急预案。

③现场处置方案:应当包括危险性分析、可能发生的事故特征、应急处置程序、应急处置要点和注意事项等内容。

对于危险性较大的重点岗位,燃气供应企业应当制定重点工作岗位的现场处置方案。

燃气供应企业编制的综合应急预案、专项应急预案和现场处置方案之间应当相互衔接,并与所涉及的地方政府、其他单位的应急预案相互衔接。

(3)应急预案,编制的其他要求

• 应急预案应当包括应急组织机构和人员的联系方式、应急物资储备清单等附件信息。附件信息应当经常更新,确保信息准确有效。

• 预案编制部门(企业)应当组织有关专家对本部门(企业)编制的应急预案进行审定;涉及相关部门职能或者需要有关部门配合的,应当征得有关部门同意。

• 涉及建筑施工和易燃易爆物品、危险化学品、放射性物品等危险物品的生产、经营、储存、使用的燃气供应企业,应当组织专家对本企业编制的应急预案进行评审。评审应当形成书面纪要并附有专家名单。

• 预案编制部门必须对本部门编制的应急预案进行论证。

• 参加应急预案评审的人员,应当包括应急预案涉及的政府部门工作人员和有关安全生产及应急管理方面的专家。

• 应急预案的评审或者论证应当注重应急预案的实用性、基本要素的完整性、预防措施的针对性、组织体系的科学性、响应程序的操作性、应急保障措施的可行性、应急预案的衔接性等内容。

• 燃气供应企业应急预案经评审或者论证后,由燃气供应企业总经理签署公布。

• 燃气供应企业编制的综合应急预案和专项应急预案,按照政府相关规定报所在地安全生产监督管理部门和有关主管部门备案。

 习 题

一、填空题

(1)燃气放散管应使用_____,严禁用 PE 管做放散阀。

（2）响应是在事故发生后立即采取的应急与救援行动，其中包括＿＿＿＿＿＿＿＿与应急决策。

（3）应急预案按照针对情况的不同可分为＿＿＿＿＿＿＿＿＿＿＿＿＿＿＿＿＿＿。

（4）应急预案的编制遵循综合协调、＿＿＿＿＿＿＿、＿＿＿＿＿＿＿、属地为主的原则。

（5）燃气经营者应当制订本单位燃气安全事故应急预案，配备应急人员和必要的应急转变、器材，并定期＿＿＿＿＿＿＿。

二、简答题

参阅资料，指出应急救援预案应包含哪些内容。

参考文献

[1] 张正禄,司少先,李学军,张昆.地下管线探测和管网信息系统[M].北京:测绘出版社,2007.

[2] 高爱斌,宋彩朝.地下燃气管线的探测定位方法的探讨[J].中国新技术新产品,2009,(21).

[3] 城市地下管线探测技术规程(CJJ 61—2003)[S].北京:中国建筑工业出版社,2003.

[4] 雷林源.城市地下管线探测与测漏[M].北京:冶金工业出版社,2003.

[5] 车立新.燃气管网管理信息系统的应用[J].煤气与热力,2005,25(12).

[6] 李功新.基于GIS的电网生产管理系统建设与应用[M].北京:科学出版社,2008.

[7] 张书亮,等.设备设施管理地理信息系统[M].北京:科学出版社,2006.

[8] 施明,方顺银.GIS系统在燃气管网中的应用[J].上海煤气,2007,(3):35-37.

[9] 董铁山,董久樟.燃气热力管道工程:市政工程施工技术问答[M].北京:中国电力出版社,2005.

[10] 郭汉军.燃气管网管理信息系统的应用[J].城市燃气,2010,(9).

[11] 中国城市燃气协会.城镇燃气设施运行、维护和抢修安全技术规程实施指南[M].北京:中国建筑工业出版社,2006.

[12] 李猷嘉.燃气输配系统的设计与实践[M].北京:中国建筑工业出版社,2007.

[13] 常宏岗,罗勤,陈赓良.天然气质量管理与能量计量[M].北京:石油工业出版社,2008.